"十四五"职业教育国家规划教材

增材制造系列教材

3D 打印实训指导

（第二版）

主　编　杨振国　李华雄　王　晖

副主编　肖宏涛　刘　璇　刘　俊　周登攀

主　审　李大成

华中科技大学出版社

中国·武汉

内 容 简 介

本书主要介绍 3D 打印基础之数据采集和制作(三维数据化建模软件的使用),以及常用的 3D 打印机的使用方法,包括打印设置、操作、常规保养和日常维护等。本书内容按 48 学时编写,选用本书者可以根据 3D 打印设备的实际情况选择教学内容和确定学时。

本书为高等职业院校机械制造、机电设备、机电一体化等相关专业 3D 打印教学和培训教材。

图书在版编目(CIP)数据

3D 打印实训指导/杨振国,李华雄,王晖主编.—2 版.—武汉:华中科技大学出版社,2022.7
(2024.1重印)
ISBN 978-7-5680-8431-4

Ⅰ.①3…　Ⅱ.①杨…　②李…　③王…　Ⅲ.①快速成型技术　Ⅳ.①TB4

中国版本图书馆 CIP 数据核字(2022)第 111026 号

3D 打印实训指导(第二版)

3D Dayin Shixun Zhidao(Di-er Ban)

杨振国　李华雄　王　晖　主编

策划编辑:张少奇
责任编辑:吴　晗
封面设计:廖亚萍
责任监印:周治超
出版发行:华中科技大学出版社(中国·武汉)　电话:(027)81321913
　　　　　武汉市东湖新技术开发区华工科技园　邮编:430223
录　　排:武汉楚海文化传播有限公司
印　　刷:武汉市洪林印务有限公司
开　　本:710mm×1000mm　1/16
印　　张:9.5
字　　数:193 千字
版　　次:2024 年 1 月第 2 版第 2 次印刷
定　　价:32.80 元

序

3D打印技术也称增材制造技术、快速成形技术、快速原型制造技术等,是近30年来在全球先进制造领域兴起的一项集光/机/电、计算机、数控及新材料于一体的先进制造技术。它不需要传统的刀具和夹具,利用三维设计数据在一台设备上由程序控制自动地制造出任意复杂形状的零件,可实现任意复杂结构的整体制造。3D打印技术符合现代和未来制造业对产品个性化、定制化、特殊化需求日益增加的发展趋势,被视为"一项将要改变世界的技术",已引起全球关注。

3D打印技术将使制造活动变得更加简单,使得每个家庭、每个人都有可能成为创造者。这一发展方向将给社会的生产和生活方式带来新的变革,同时将对制造业的产品设计、制造工艺、制造装备及生产线、材料制备、相关工业标准、制造企业形态乃至整个传统制造体系产生全面、深刻的影响:①拓展产品创意与创新空间,优化产品性能;②极大地降低产品研发创新成本、缩短创新研发周期;③能制造出传统工艺无法加工的零部件,从而能极大地增加工艺实现能力;④与传统制造工艺结合,能极大地优化和提升工艺性能;⑤是实现绿色制造的重要途径;⑥将全面改变产品的研发、制造和服务模式,促进制造与服务融合发展,支持个性化定制等高级创新制造模式的实现。

随着3D打印技术在各行各业的广泛应用,社会对相关专业技能人才的需求也越来越旺盛,很多应用型本科院校和高职高专院校都迫切希望开设3D打印专业(方向)。但是目前没有一套完整的适合该层次人才培养的教材。为此,我们组织了相关专家和高校的一线教师,编写了这套3D打印技术教材,希望能够系统地介绍3D打印及相关应用技术,培养出满足社会需求的3D打印人才。

在本套书的编写和出版过程中,我们得到了很多单位和专家学者的支持和帮助,西安交通大学卢秉恒院士担任本套书的顾问,很多在一线从事3D打印技术教学工作的教师参与了具体的编写工作,许多3D打印企业和湖北省3D打印产业技术创新战略联盟等行业组织也为我们提供了大力支持,在此不一一列举,一并表示感谢!

我们希望该套书能够比较科学、系统、客观地向读者介绍3D打印这一新兴制造技术,使读者对该技术的发展有一个比较全面的认识,也为推动我国3D打印技术与产业的发展贡献一份力量。本套书可作为应用型高校机械工程专业、材料工程专业及职业教育制造工程类的教材与参考书,也可作为产品开发与相关行业技术人员的参考书。

我们想使本套书能够尽量满足不同层次使用的需求,故涉及的内容非常广泛,但由于我们的水平和能力有限,编写过程中的疏漏和不足在所难免,殷切地希望读者批评指正。

史玉升

2017 年 7 月于华中科技大学

前　言

  3D打印技术是一种新兴的先进制造技术,是一项集光/机/电、计算机、数控和材料等技术于一体的增材制造技术。自其问世以来,随着计算机辅助技术的高速发展,3D打印技术已在很多行业得到广泛应用,在改造传统产业、形成高新技术产业、提升制造业的产业结构等方面发挥了非常重要的作用。

  为了更好地适应现代制造业的发展,提高普通大众的3D打印的操作水平,多位讲授3D打印的专任教师根据自己的教学经验,结合3D打印机器的实际操作方法,编写了本书。

  本书由佛山职业技术学院杨振国、李华雄和王晖任主编,由佛山职业技术学院肖宏涛、刘璇、刘俊,长江工程职业技术学院周登攀任副主编。

  本书由佛山职业技术学院李大成教授任主审。

  由于编者水平有限,书中错误和不足之处在所难免,恳请读者批评指正。

编　者

2022 年 3 月

目　　录

项目一　3D 打印前端模型设计

近年来,3D 打印技术逐渐走入人们的日常生活,尤其在工业设计、模具开发等领域,3D 打印技术表现突出。同时,3D 打印技术在医疗、建筑、制造及食品等行业的应用前景也非常广阔。在 3D 打印的整个过程中,起主导作用的就是建模,只有进行了 3D 建模,才能用 3D 打印机将建模的数据打印成型。

学习目标

教学视频

(1)了解 3D 打印的流程;
(2)了解 3D 建模软件的类型及主要功能;
(3)掌握 3D 建模的技巧及方法。

任务一　3D 打印主流建模软件

模型设计是 3D 打印的初始阶段,也称 3D 打印前端,是整个打印的灵魂所在。建模一直是普通人实现设计想法的最大难题,随着信息技术的不断发展,建模也不再那么难了,可以绘制 3D 图形的建模软件有很多,主要分为如图 1-1-1 所示的四种类型。

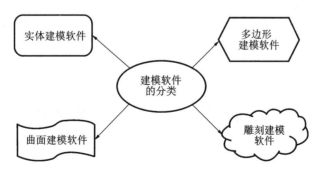

图 1-1-1　建模软件的分类

不同的 3D 打印方式,其成型原理不同,但最终打印成品的流程基本是一致的。

3D 打印的流程具体可以划分为 3 个阶段:前端数据源处理(该阶段可分模型

设计阶段与切片阶段)、打印、后期处理。

一、实体建模

实体建模是指将绘制的二维草绘图创建成三维实体,并应用其他特征最后生成所要模型的过程。常用的实体建模软件如图 1-1-2 所示。

图 1-1-2 常用的实体建模软件

常用的实体建模方式有拉伸、扫掠、放样、旋转(见图 1-1-3)及布尔运算等。

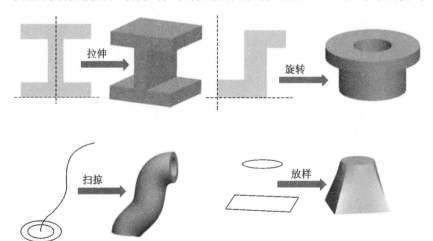

图 1-1-3 常用的实体建模方式

实体建模是一种易于理解的建模方法,多采用模拟现实制造的方式进行建模。实体建模是建模方法中最接近物理实际的,其方法类似于搭积木,也是建模初学者必学的建模方法。实体建模的模型之间存在的布尔运算关系如图 1-1-4 所示。

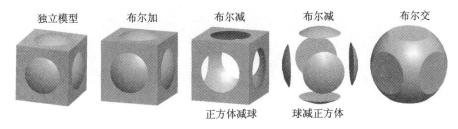

图 1-1-4 模型之间的布尔运算关系

二、曲面建模

曲面建模也称为 NURBS 建模,是由曲线组成曲面,再由曲面组成立体模型的过程。曲面建模主要使用的领域有船舶设计、汽车造型设计、产品造型设计等。

常用的曲面建模软件如图 1-1-5 所示。

图 1-1-5 常用的曲面建模软件

曲面建模的最大特点是,可以在调节很少点的情况下做出特别平滑的曲面(见图 1-1-6),但生成一条有棱角的边是很困难的。根据这一特点,我们可以用它做出各种复杂造型和表现特殊的效果,如用来建模人的面貌或流线型的跑车等。曲面建模的流程如图 1-1-7 所示。

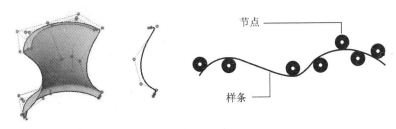

图 1-1-6 NURBS 曲面

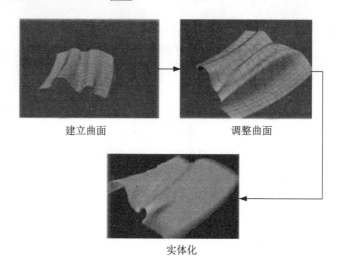

建立曲面　　　　　　　　　调整曲面

实体化

图 1-1-7　曲面建模流程

三、多边形建模

多边形建模是将一个对象转化为可编辑的各种子对象进行编辑和修改,从而实现建模的过程。

常用的多边形建模软件如图 1-1-8 所示。

图 1-1-8　常用的多边形建模软件

多边形建模从技术角度来讲比较容易掌握,在创建复杂表面时,细节部分可以任意加线,在构建结构穿插关系很复杂的模型中能体现出它的优势。多边形建模的子对象有三种:节点、边、多边形面。不同于曲面建模,多边形建模的节点是模型本身的点。多边形建模示例如图 1-1-9、图 1-1-10 所示。

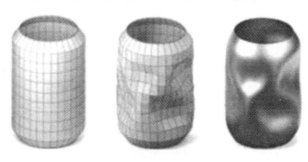

图 1-1-9　多边形建模示例 1

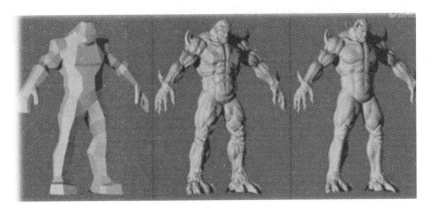

图 1-1-10　多边形建模示例 2

四、雕刻建模软件

雕刻建模是指用虚拟的笔刷在一个网格物体上刷动,以将网格物体的形态改变成创造者想要的形态。雕刻建模类似于捏橡皮泥。

常用的雕刻建模软件如图 1-1-11 所示。

图 1-1-11　常用的雕刻建模软件

雕刻建模可以快速制作好模型的框架,再将模型框架转换为网格物体,然后使用雕刻笔刷绘制细节,其制作过程示例如图 1-1-12 所示。

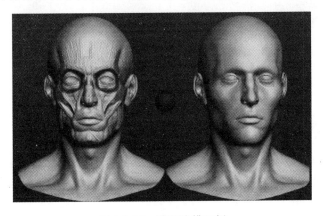

图 1-1-12　雕刻建模示例

　　以上就是几种常见的建模软件及其使用方法。新手可以结合自身专业和学习能力,学习其中一种建模方法。从学习使用软件的难易程度来说,实体建模最适合于新手学习;多边形建模是比较自由的建模方法,适合进阶学习;曲面建模普遍应用于工业设计领域,需要一定设计经验;而雕刻建模需要有一定的美术基础,上手难度较大。从 3D 打印的效果来说,实体建模最为合适,因为其模型精度,以及与 3D 打印机的结合度都比较高,模型数据更加严谨、合理、精确,有助于设计满意的产品。

任务二　3D 打印模型数据要求

　　3D 打印前端数据输入,包括三维模型的设计并导出为 STL 格式文件。STL 格式将复杂的数字模型以一系列的三维三角形面片来近似表达。STL 格式的模型是一种空间封闭的、有界的、正则的唯一表达的物体模型,具有点、线、面的几何信息,能够输入给快速成型设备,用于快速制作实物样品。

一、物体模型必须为封闭的

　　3D 软件建模的模型必须是完整的,导出为 STL 文件时可检测是否存在烂面、坏边。如图 1-2-1 所示,左边的模型是封闭的,右边的模型不封闭,显示界面以红色显示不封闭的边界。

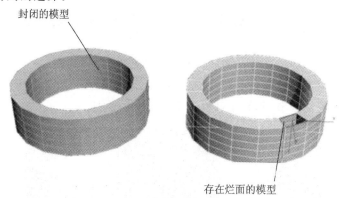

封闭的模型

存在烂面的模型

图 1-2-1　封闭与不封闭模型对比

二、物体要有厚度,不能是片体

　　在计算机动画(computer graphics,CG)行业,一些模型通常都是以面片的形式存在的,但是现实中的模型不存零厚度,必须要给模型增加厚度,实体模型与片体模型的对比如图 1-2-2 所示。

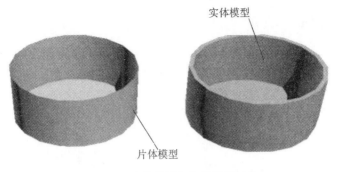

图 1-2-2　实体模型与片体模型对比

三、实体模型必须为流形

　　流形(manifold)可看作是很多曲面片的叠加,其完整的定义请参考数学定义。对于两个以上相邻的模型,一个网格数据中存在多个面共享一条边,该边所在的局部区域因自相交而无法展开为一个平面,那么它就是非流形的(non-manifold)。如图 1-2-3 所示两个立方体只有一条共同的边,此边为四个面共享,此模型为非流形的。

图 1-2-3　共享边实体模型

四、模型具有正确的法线方向

　　模型中所有的面法线需要指向一个正确的方向。如果模型中包含了错误的法线方向,如图 1-2-4 所示,这样打印机就不能够判断出是模型的内部还是外部。

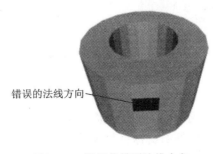

图 1-2-4　错误的模型法线方向

五、实体模型的最大尺寸要求

实体模型最大尺寸是根据 3D 打印机可打印的最大尺寸而定的。当模型的尺寸超过 3D 打印机的打印范围,模型就不能完整地被打印出来,如图 1-2-5 所示。在 Cura 软件中,当模型的尺寸超过了打印机的打印尺寸时,模型就显示灰色。

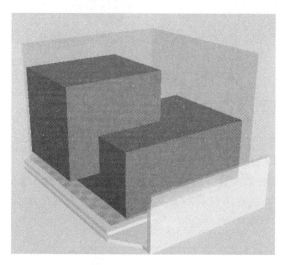

图 1-2-5 模型尺寸超过 3D 打印机打印范围

六、实体模型的最小厚度要求

打印机的喷嘴直径是一定的,打印模型的壁厚要考虑到打印机能打印的最小壁厚(如图 1-2-6 所示),不然,就会打印失败。熔融挤压成型一般最小厚度为 1 mm,不同的 3D 打印机成型的最小厚度略有不同。

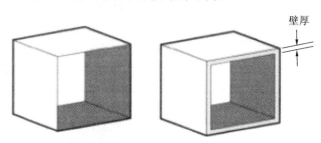

图 1-2-6 模型的最小厚度

七、45°原则

45°原则如图 1-2-7 所示,打印模型的悬垂面与竖直方向的倾角超过 45°或者悬空跨度较长时,都需要额外的支撑材料或是很高的建模技巧来完成模型打印,而 3D 打印的支撑结构比较难做,添加支撑既耗费材料,又难处理,且处理之后会破坏模型的美观。所以建模时应尽量避免。

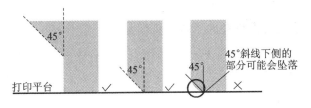

图 1-2-7　支撑 45°原则

八、打印模型底面最好是平面

3D 打印的模型，其底面最好是平面（见图 1-2-8），这样既能增加模型的稳定性，又不需要额外添加支撑。如果模型底面不水平，可以直接用平面进行截取，以获得平坦的底面。

图 1-2-8　底面水平的模型

九、预留容差度

对于需要组合装配的模型，在部件与部件之间预留足够的空间是十分重要的。在设计软件中的完全贴合并不意味着打印后模型的完全贴合，部件之间保持约 0.4 mm 的距离是必要的，如图 1-2-9 所示。

图 1-2-9　预留容差度

十、区分阴刻和阳刻

一般来说,阴刻的细节会比阳刻的细节表现得更好一些。对于阴刻的表面来说,建议线宽至少 1 mm,深度至少 0.3 mm。对于阳刻来说,建议线宽至少 2.5 mm,深度至少 0.5 mm。如图 1-2-10 所示。

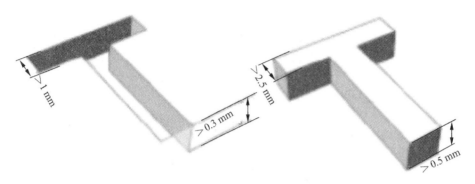

图 1-2-10　阴刻和阳刻的设计

项目二　3D 打印逆向设计

任务一　逆向工程概述

学习逆向工程的前提是要了解其概念和所需要的软件和设备。本任务主要是向大家讲解逆向工程的绘图软件 Geomagic Design X。

Geomagic Design X 为 3D Systems 公司旗下的产品,其前身是 Rapid Form。该软件提供的运算模式,可实现将点云数据运算出无接缝的多边形曲面。

一、逆向工程的概念

逆向工程是指将数据采集设备获取的实物样件的表面和内腔数据,输入专门反求软件中进行处理和三维重构,在计算机上再现原工件的几何形状,并在此基础上进行原样复制、修改或重设计的过程。

二、逆向工程产生的背景及意义

传统的从未知到已知、由想象到现实的设计方式已经很难满足新的市场竞争需求,而逆向工程技术与传统的正向设计方式不同,是对已有新产品进行解剖,获得产品的设计信息,并在此基础上进行再设计,很大程度上缩短了新产品的开发周期。因此,逆向工程技术在新产品的快速创新设计方面占有绝对的优势,具有广阔的发展前景和重大的研究意义。

三、逆向工程应用领域

逆向工程在没有设计图纸或者设计图纸不完整以及没有 CAD 模型的情况

下,对零件原样进行测量而形成零件的设计图纸或 CAD 模型,并以此为依据利用快速成型技术复制出一个相同的零件原型。

当设计需要通过实验测试才能定形的工件模型时,通常采用逆向工程的方法。

如航空航天领域,为了满足产品对空气动力学等要求,首先必须在初始设计模型的基础上经过各种性能测试(如风洞实验等),建立符合要求的产品模型,这类零件一般具有复杂的自由曲面外形,最终的实验模型将成为设计这类零件及反求其模具的依据。

在美学设计要求高的领域,例如汽车外形设计,广泛采用真实比例的木制或泥塑模型来评估设计的美学效果,而不采用在计算机屏幕上缩小比例的物体透视图的方法。

修复破损的艺术品或缺乏供应的损坏零件等时,不需要对整个零件原型进行复制,而是借助逆向工程技术抽取零件原型的设计思路指导新的设计。这是由实物逆向推理出设计思路的过程。

任务二　逆向工程实现的步骤

逆向工程的实现一般可以分为以下 4 个步骤。

第一步:零件原型的数字化。通常采用三坐标测量机(CMM)或激光扫描仪等测量装置来获取零件原型表面点的三维坐标值。

第二步:从测量数据中提取零件原型的几何特征。按测量数据的几何属性对其进行分割,采用几何特征匹配与识别的方法来获取零件原型所具有的设计与加工特征。

第三步:零件原型 CAD 模型的重建。将分割后的三维数据在 CAD 系统中分别做表面模型的拟合,并通过各表面片的求交与拼接获取零件原型表面的 CAD 模型。

第四步:重建 CAD 模型的检验与修正。根据获得的 CAD 模型重新测量和加工出样品来检验重建的 CAD 模型是否满足精度或其他试验性能指标的要求,对不满足要求者重复以上过程,直至满足零件的逆向工程设计要求。

逆向工程具体的工作流程如图 2-2-1 所示。

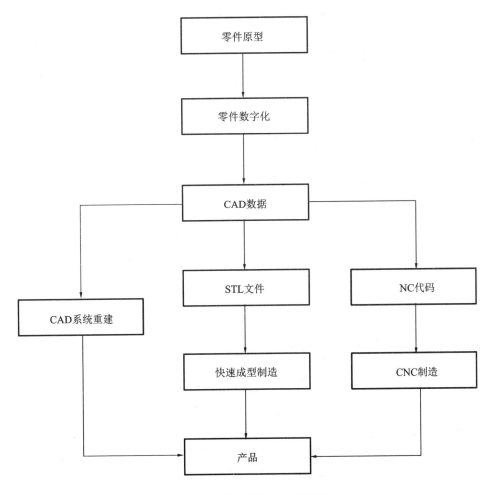

图 2-2-1　逆向工程工作流程图

　　目前,大多数的实物原型的逆向工程是通过图 2-2-1 所示的三种方式来达到反求目地的。

　　第一种实现方式是在得到零件的 CAD 数据后,将数据导入专业的 CAD 软件系统进行再设计。第二种方式是在得到零件的 CAD 数据后,自动生成零件的 NC 代码文件,然后将该文件输入数控加工机床加工出所需产品。第三种方式是在得到零件的 CAD 数据后,自动生成样品的 STL 文件,然后将该文件导入快速成型制造系统中制造出产品。

　　图 2-2-2 所示为正向工程即传统设计的工作流程。

　　对比两种设计方法可以看出,逆向工程设计可以大大缩短产品的研发周期,据统计,逆向工程设计的周期比正向设计产品研发周期缩短 40％左右。

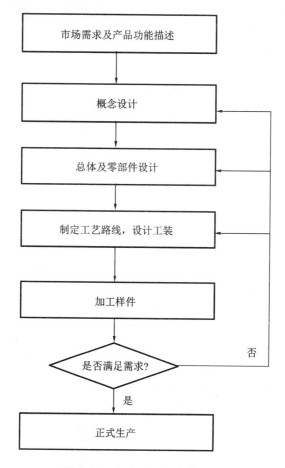

图 2-2-2　正向工程工作流程图

任务三　Geomagic Design X 软件介绍

Geomagic Design X 软件界面如图 2-3-1 所示,其中区域 1 是软件的功能区,画图所需的功能都在此区域。区域 2 为任务树,画图的过程会在任务树上留下记录。区域 3 中框选的功能可以选择隐藏或显示我们所需的图像。

一、对齐坐标系

很多时候我们所打开文件的坐标系是混乱的,规整的、正确的坐标系决定画图的质量和速度,下面来学习如何对齐坐标系。

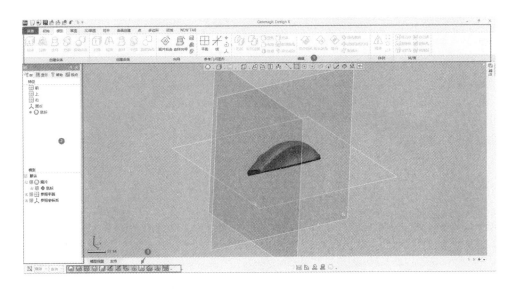

图 2-3-1

打开本章二维码"设计素材"链接中名为"鼠标. stl"的文件,弹出如图 2-3-2 所示的内容,可以看到该文件的坐标系混乱,不符合作图要求,按以下步骤来对齐坐标系。

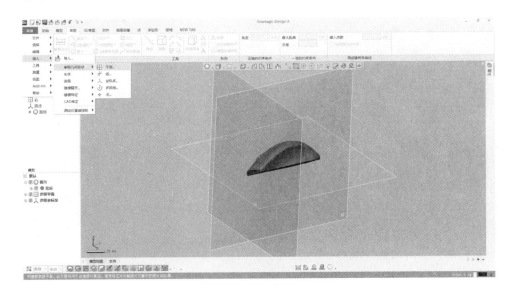

图 2-3-2

创建基本平面。点击"菜单"→"插入"→"参照几何形状"→"平面",选择图 2-3-3箭头所指的平面,创建平面 1。

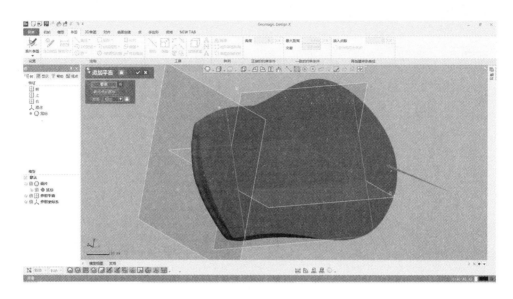

图 2-3-3

再点击"面片草图",选择图 2-3-3 所画的平面 1,在平面 1 上画出两条线,短线垂直于长线,垂足为长线的中点,如图 2-3-4 所示,要有图中箭头所指的约束。

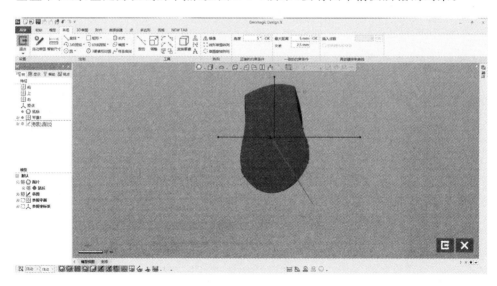

图 2-3-4

选择"菜单"→"插入"→"曲面"→"拉伸",选择所画的草图 1 进行拉伸,长度自定义,如图 2-3-5 所示。

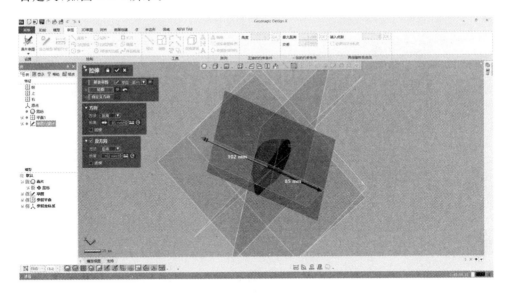

图 2-3-5

然后选择"菜单"→"工具"→"对齐"→"手动对齐",点击"下一阶段",得到如图 2-3-6 所示内容。

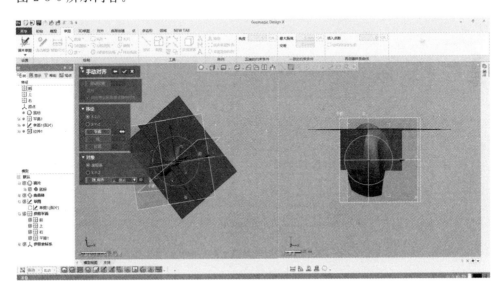

图 2-3-6

选择前面所画的三个平面,如图 2-3-7 所示。

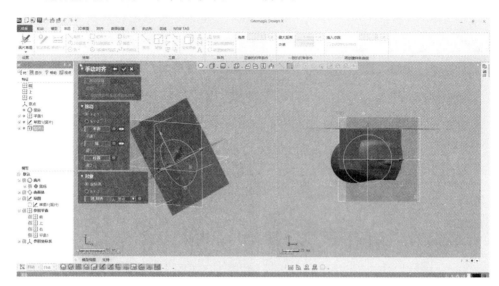

图 2-3-7

点击"确认"按钮,隐藏平面 1 以及所拉伸的两个面片,再点击主视图,查看对齐结果,如图 2-3-8 所示。

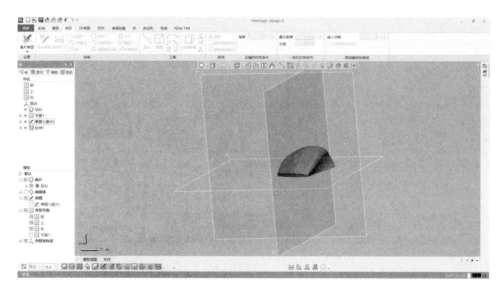

图 2-3-8

二、破损平面的修补

点云文件可能会有部分破损穿洞（见图 2-3-9），这些孔洞需要进行修补。

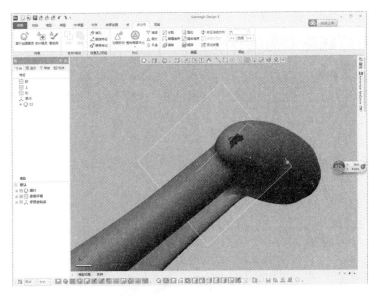

图 2-3-9

选择"菜单"→"工具"→"面片工具"→"填孔"，然后选择破损的区域，点击"确认"，完成修补，如图 2-3-10 所示。

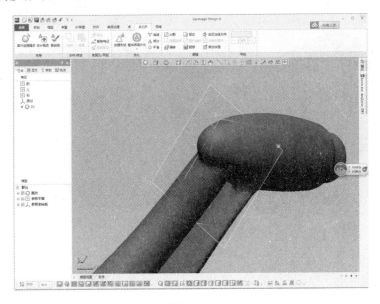

图 2-3-10

任务四　Geomagic Design X 软件实战演练

一、台灯底座上盖的建模

产品：台灯底座上盖。

说明：现有一台灯底座上盖实体(见图 2-4-1)以及通过三维扫描仪采集后未经处理的上盖三维数据(STL 格式)，根据数据进行复杂曲面的实体重构，以满足加工要求。

技术要求：数据完整、特征清晰、整体精度为 0.1 mm。

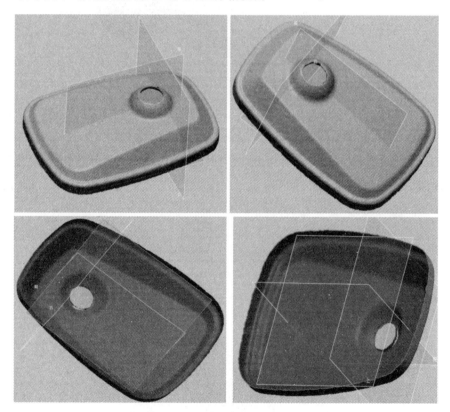

图 2-4-1

1. 点云导入

打开本章二维码"设计素材"链接中的"台灯底座上盖. stl"文件，如图 2-4-2 所示。

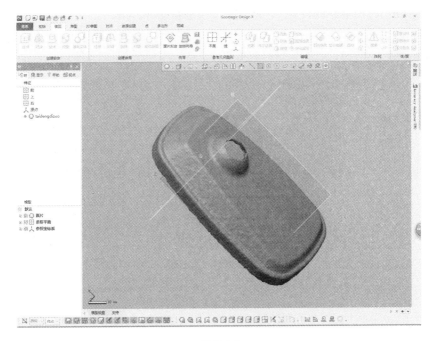

图 2-4-2

2. 面片草图的绘画

步骤一

点击"草图"中的"面片草图"按钮,弹出如图 2-4-3 所示的对话框,选取图中箭头所指的平面,拖放至合适的位置。

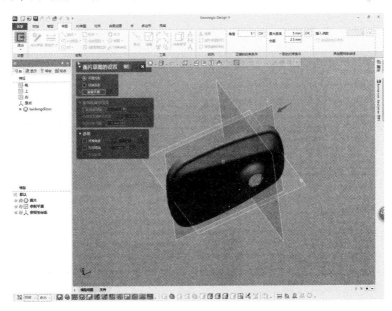

图 2-4-3

再点击"面片草图的设置"中的 ✅ 按钮确认操作,如图 2-4-4 所示。

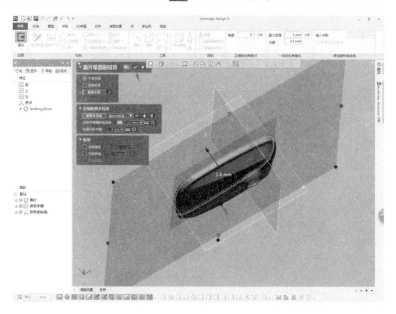

图 2-4-4

步骤二

点击"草图"→"3 点圆弧",再点击如图 2-4-5 中的箭头所指的点,最后把光标移到线 1 处,点击鼠标左键即可完成线 1 的绘制。

小提示:按 Ctrl+1 可隐藏或打开面片。

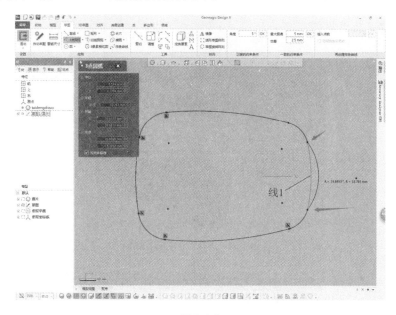

图 2-4-5

完成线 1 的绘制后,将轮廓线描一遍,如图 2-4-6 中的线 2 所示。

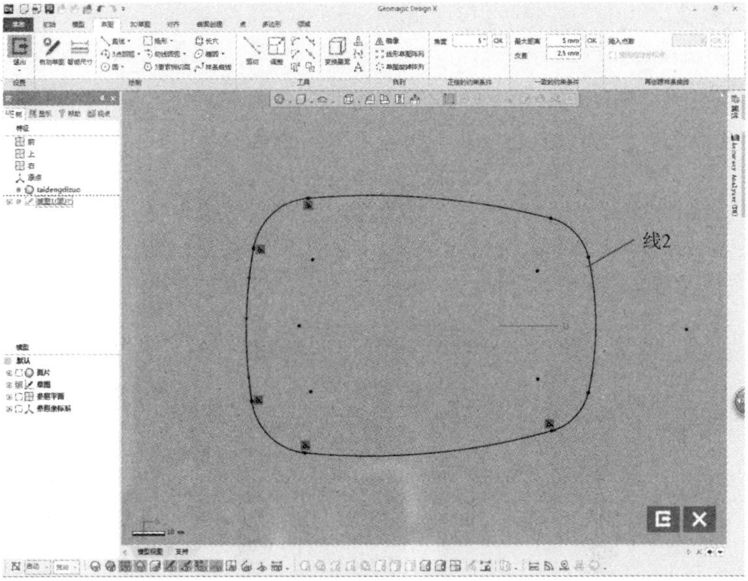

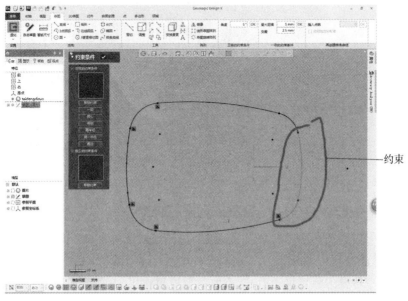

图 2-4-6

步骤三

对描出的线 2 进行约束。方法:随意点击一条曲线,按住 Shift 键双击选中曲线旁边的曲线,会显示如图 2-4-7 所示的对话框,点击对话框中的"相切"选项,即可完成对线 2 的约束(按照同样的步骤完成其他边的约束,如图 2-4-8 所示)。最后点击"退出"按钮,如图 2-4-9 所示。

图 2-4-7

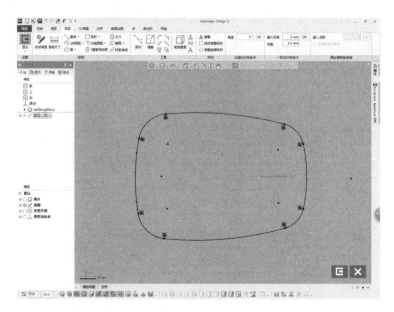

图 2-4-8

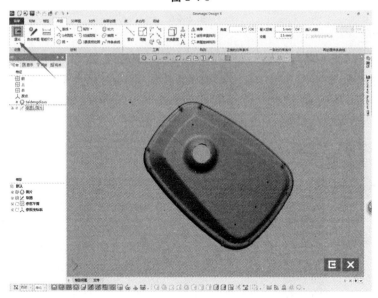

图 2-4-9

3. 拉伸

选择"模型"→"拉伸"(注意是创建实体的拉伸),弹出如图 2-4-10 所示的对话框,基准草图选择我们刚画的草图 1。拉伸到一定位置时会出现双箭头的标志,表示拉伸距离接近我们想要的尺寸,最后点击"确认",完成拉伸,如图 2-4-11 所示(显示的距离数值小数位很多时,输入时一般保留一位小数即可)。

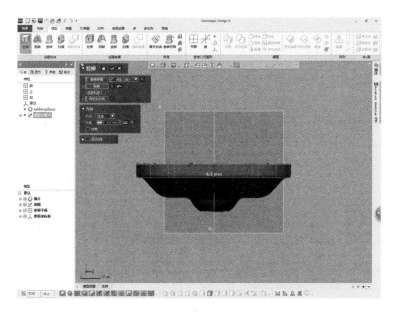

图 2-4-10

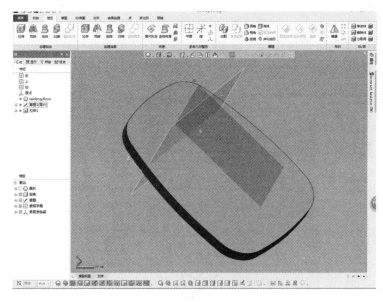

图 2-4-11

4. 通过领域组创建面

步骤一

点击菜单栏的"领域"按钮，绘制出如图 2-4-12 箭头 2 指向的领域，再点击"领域"菜单下的"插入"选项（箭头 1 所指），完成领域的绘制。

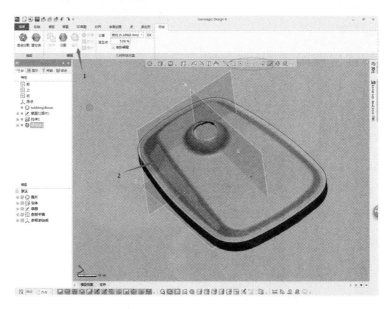

图 2-4-12

步骤二

选择"模型"→"面片拟合","领域/单元面"选择图 2-4-13 箭头 1 所指的领域,箭头 2 所指的控制点数改为 10～15 都可以(控制点数值越高就越精确,越紧贴所求平面,但可能做出来的平面不是很顺滑。控制点数值低所做出的平面相对顺滑)。

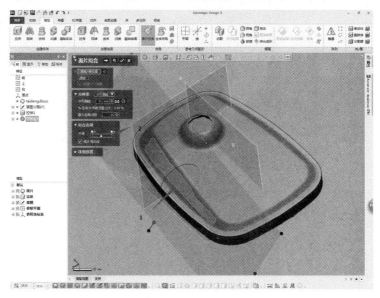

图 2-4-13

步骤三

按照步骤一画出图 2-4-14 所示的领域,再按照步骤二用面片拟合出剩下的四个曲面,如图 2-4-15 所示。

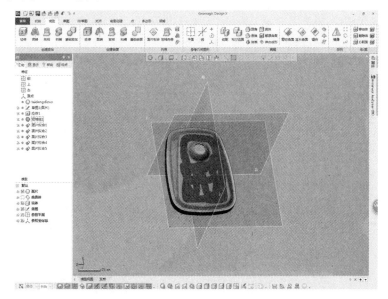

图 2-4-14

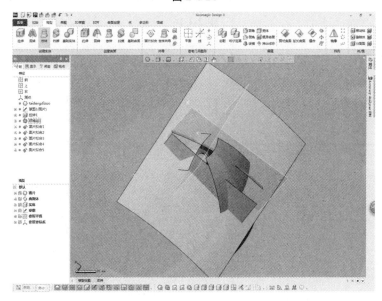

图 2-4-15

5. 延伸和修剪曲面

步骤一

如图 2-4-16 所示,鼠标移到面片拟合 1,然后单击右键选择隐藏体。剩下的面片拟合 2～5 都按以上步骤进行隐藏,得出如图 2-4-17 所示的内容(隐藏是为了后面选择不容易出错,并保持界面相对简洁)。

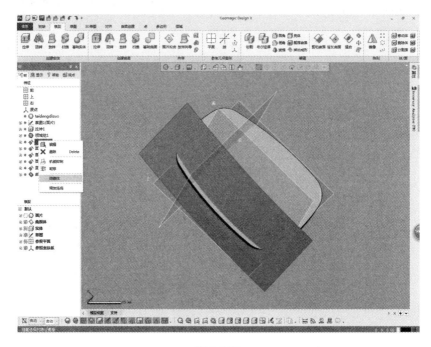

图 2-4-16

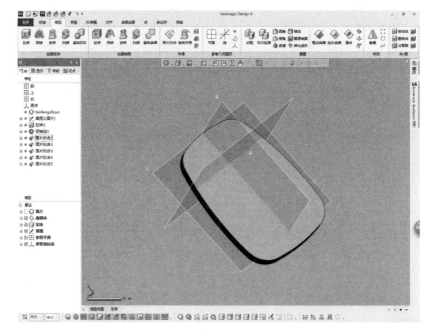

图 2-4-17

步骤二

选择"菜单"→"曲面"→"曲面偏移","面"选择图 2-4-18 的箭头 1 所示的平面,箭头 2 所指的偏置距离改为 0,点击"确定"。

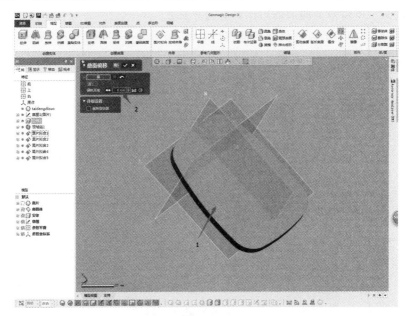

图 2-4-18

步骤三

选择"菜单"→"曲面"→"延长曲面","边线/面"选择步骤二所偏移出的平面及图 2-4-19 中箭头 1 所指的平面(可能因重合因素会选择不到,这时可在左边的"树"里选择曲面偏移 1,距离设置为 5 即可)。

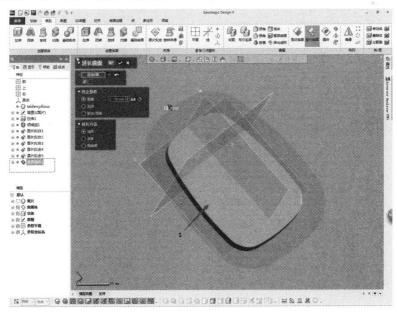

图 2-4-19

把步骤一所隐藏的面片拟合1～5显示出来，再将其延伸成如图2-4-20所示（延伸是为了所需修剪曲面的边比修剪边界长）。

最后剩下的曲面需要延伸的都进行延伸，最后效果如图2-4-21所示。

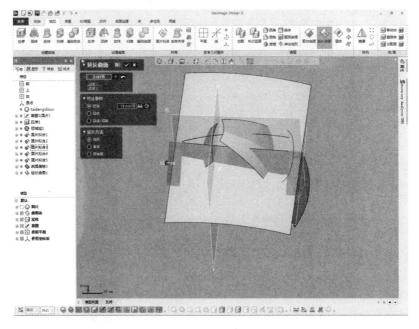

图 2-4-20

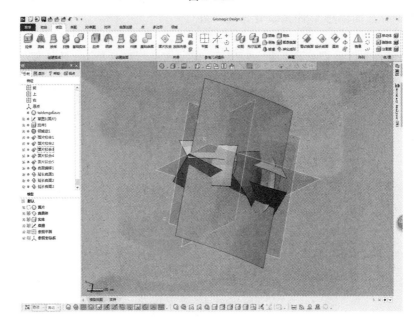

图 2-4-21

步骤四

选择"菜单"→"曲面"→"实体化",框选图 2-4-22 所示的面片,点击"确认",效果如图 2-4-23 所示(若结果与图 2-4-23 不符合,请检查步骤三所延长的面的边界是否达到修剪边界;检查是否缺少面,共需 6 个面)。

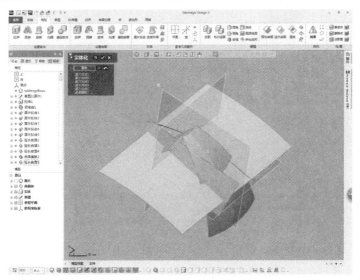

图 2-4-22

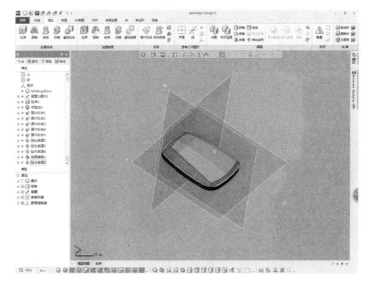

图 2-4-23

6.圆角与布尔运算

步骤一

选择"菜单"→"插入"→"实体"→"布尔运算",框选图 2-4-24 所示的两个体,点击"确认"完成操作。

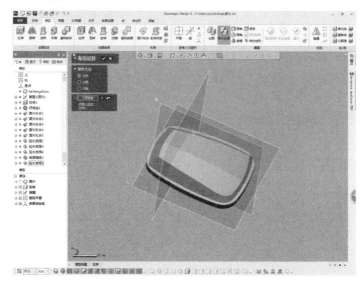

图 2-4-24

步骤二

选择"菜单"→"插入"→"建模特征"→"圆角","要素"选择图 2-4-25 中箭头 1 所指的边角,再点击箭头 2 所指的"由面片估算半径"(测出来的数值取小数点后一位即可),点击"确认"。

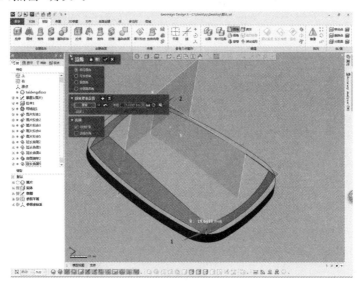

图 2-4-25

按照上面的步骤把图 2-4-26 中箭头所指的边都倒圆角。

最后结果如图 2-4-27 所示。

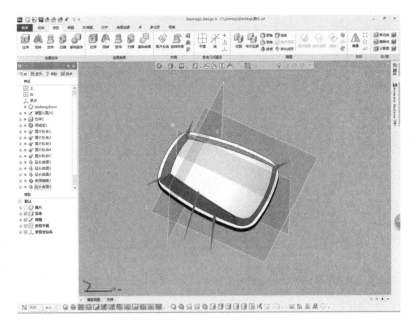

图 2-4-26

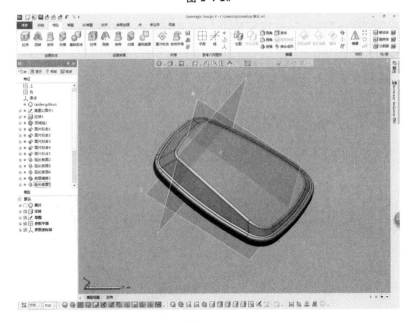

图 2-4-27

7. 切割和基础实体

步骤一

先画出图 2-4-28 中箭头所指的领域。

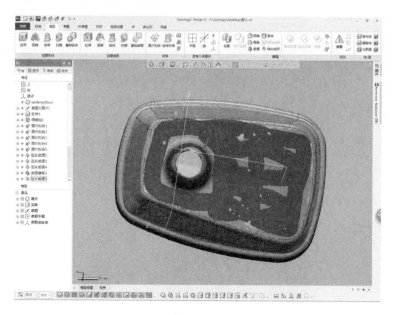

图 2-4-28

步骤二

选择"菜单"→"插入"→"建模精灵"→"基础实体",选择步骤一所画的领域,提取形状选择球形,再点击图 2-4-29 中箭头所指图标,最后点击"确认"。

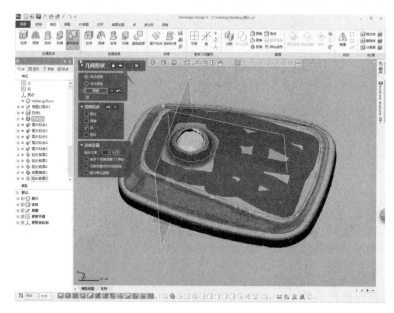

图 2-4-29

步骤三

选择"草图",画出图 2-4-30 所示的直线。

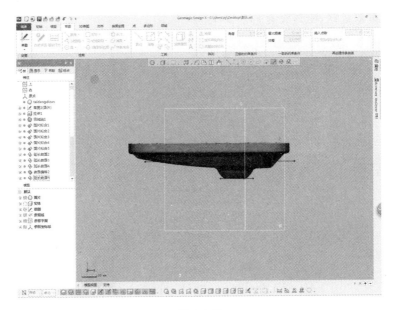

图 2-4-30

选择"菜单"→"插入"→"曲面"→"拉伸","基准草图"选择上面画的两条线，勾选"反方向"，距离适中即可，最后点击"确认"，结果如图 2-4-31 所示。

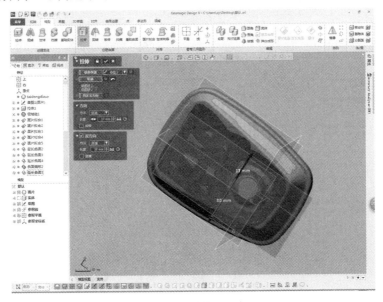

图 2-4-31

步骤四

选择"菜单"→"插入"→"实体"→"切割"，工具要素选择图 2-4-31 所拉伸的平面，对象选择步骤二画的球体，然后点击"下一阶段"，残留体选择图 2-4-32 中箭头所指的部分，最后点击"确认"，得到如图 2-4-33 所示的结果。

进行布尔运算,使其成为一个整体。

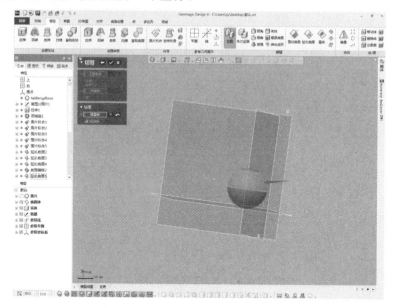

图 2-4-32

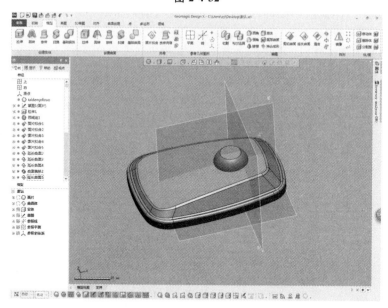

图 2-4-33

8. 抽壳与剪切

步骤一

选择"菜单"→"插入"→"实体"→"壳体","体"选择上面最后求和的整体,"删除面"选择图 2-4-34 中箭头所指的两个面,"深度"设为 2,最后点击"确认",结果如

图 2-4-35 所示。

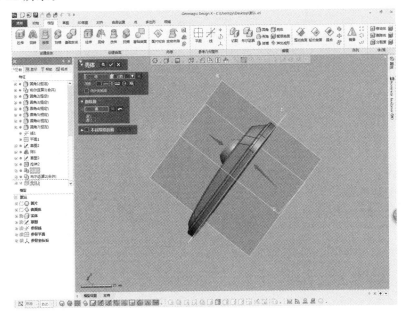

图 2-4-34

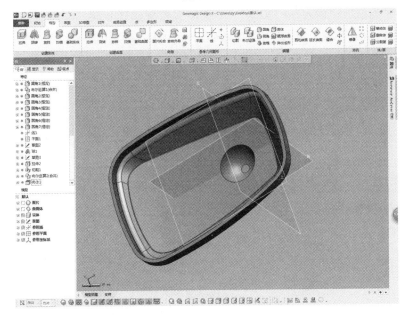

图 2-4-35

步骤二

点击草图,平面选择图 2-4-36 中箭头 1 所指面,再点击箭头 2 所指的变化要素,要素选择箭头 3 的曲线,最后点击"确认"并退出草图环境。

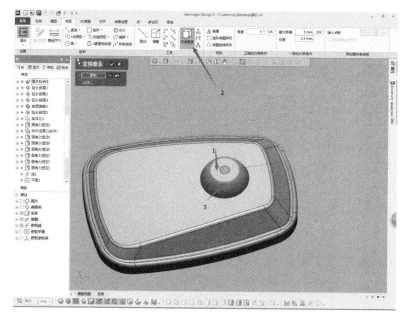

图 2-4-36

步骤三

选择"菜单"→"插入"→"实体"→"拉伸",轮廓选择步骤二草图所画的圆,勾选"反方向"和运算结果中的"切割",最后点击"确认",如图 2-4-37 所示。

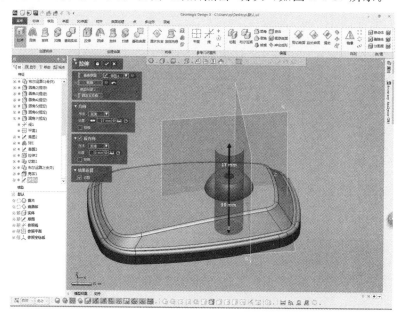

图 2-4-37

最后结果如图 2-4-38 所示。

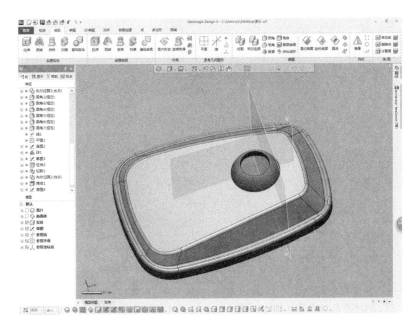

图 2-4-38

9. 分析误差

点击图 2-4-39 箭头所指的图标,在弹出的界面点击"体偏差",得到色差图如图 2-4-40 所示(色差图的颜色为绿色、黄色和少数蓝色时,则说明做出的面与点云的面极为贴合,出现红色和许多蓝色时则说明误差极大)。

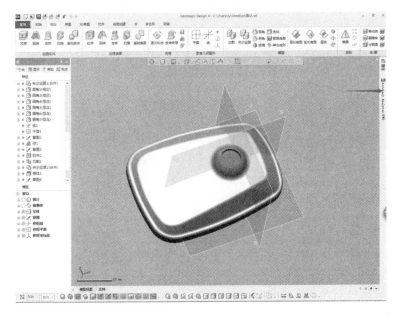

图 2-4-39

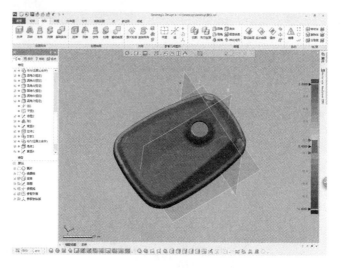

图 2-4-40

二、电吹风外轮廓的建模

产品:电吹风。

说明:现有沿对称轴剖开的半个电吹风实体以及通过三维扫描仪采集后未经处理的三维数据(见本章二维码"设计素材"链接中的"电吹风. stl"文件)(见图 2-4-41),现需要根据数据进行复杂曲面的实体重构,以满足加工要求。

技术要求:数据完整,特征清晰,整体精度为 0.1 mm。

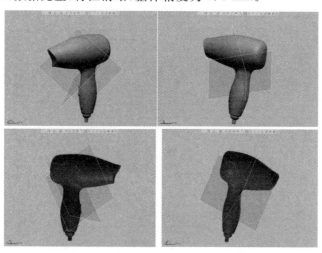

图 2-4-41

1. 点云文件的修补优化处理

步骤一

选择"菜单"→"插入"→"参照几何形状"→"平面",选择图 2-4-42 中选取的平面,点击"确认"完成平面的选取。

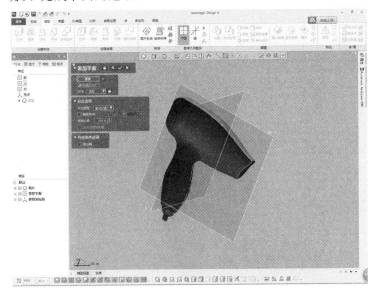

图 2-4-42

步骤二

选择"菜单"→"工具"→"面片工具"→"镜像",选取刚刚作出的平面作为镜像平面,点击"确认",完成镜像,如图 2-4-43 所示。

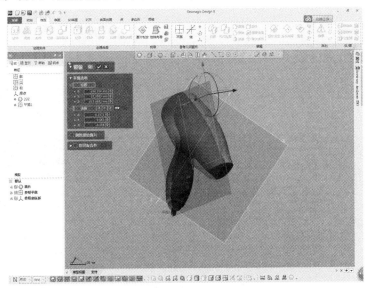

图 2-4-43

步骤三

因为镜像出来后点云会有些裂缝,如图 2-4-44 所示,所以要对其进行修补。

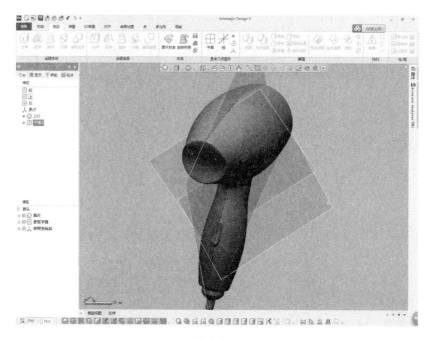

图 2-4-44

选择"菜单"→"工具"→"面片工具"→"重新包覆",点击"确认",完成包覆,结果如图 2-4-45 所示。

图 2-4-45

步骤四

重新包覆出来的点云在连接边上会有些不足,如图 2-4-46 所示。

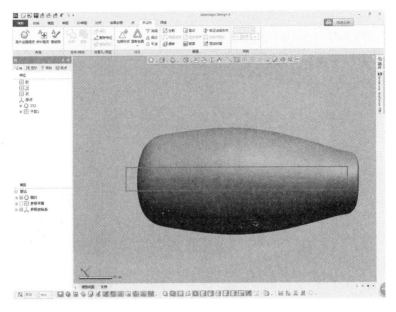

图 2-4-46

通过"菜单"→"工具"→"面片工具"→"删除特征"来优化,点击"删除特征",用画笔涂抹不平整的区域,如图 2-4-47 所示(图 2-4-47 中箭头所指的区域是画笔区域,可根据不同需求选用不同画笔)。

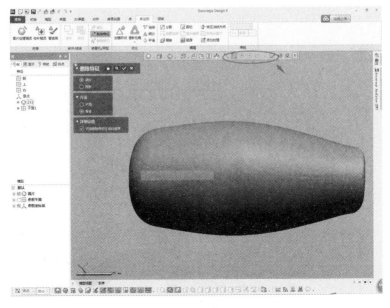

图 2-4-47

得出的效果如图 2-4-48 中椭圆区域所示。剩下的特征按照上述步骤优化。

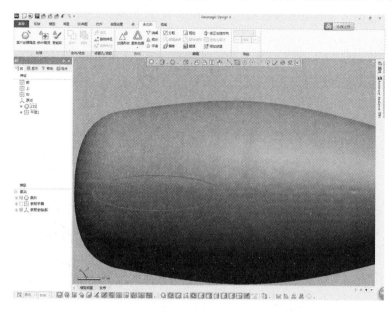

图 2-4-48

2. 坐标的调整

步骤一

点击"领域"按钮,选择"自动分割","敏感度"设置为 10,"面片粗糙度"设置为中间位置,最后点击"确认"即可,如图 2-4-49 所示。

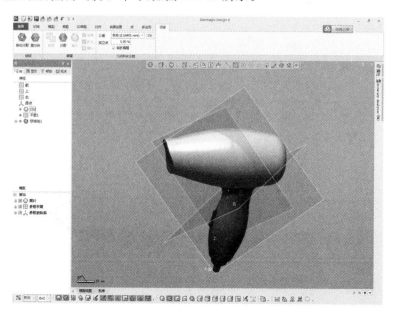

图 2-4-49

步骤二

选择"菜单"→"插入"→"参照几何形状"→"线","方法"选择"回转轴",如图 2-4-50箭头1所指,再选择图2-4-50箭头2所指的领域,点击"确认",得到回转轴。

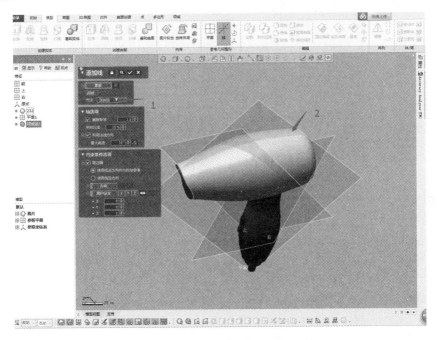

图 2-4-50

步骤三

选择图2-4-42所作的平面为草图平面,在刚刚画的回转轴上画一条较短的直线,退出草图。

选择"菜单"→"插入"→"参照几何形状"→"平面","方法"选择"选择点和法线轴","法线轴"选择上面画的回转轴,"选择点"选择上面草图画的直线上任意一点,结果如图2-4-51所示。

步骤四

点击"对齐"按钮,选择其中的"手动对齐",再点击"下一阶段",显示内容如图 2-4-52所示,"平面"和"线"分别选择图2-4-42和图2-4-51所作的平面和线,点击"确认",完成手动对齐,如图2-4-53所示。

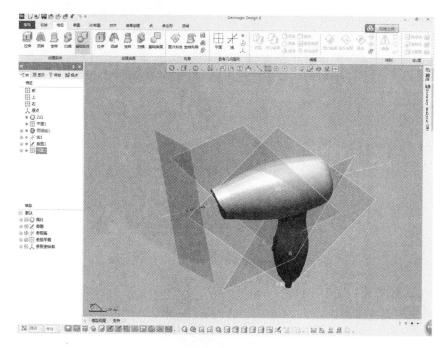

图 2-4-51

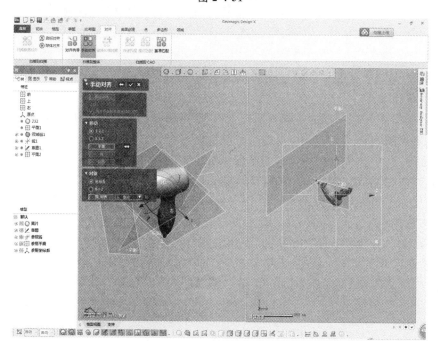

图 2-4-52

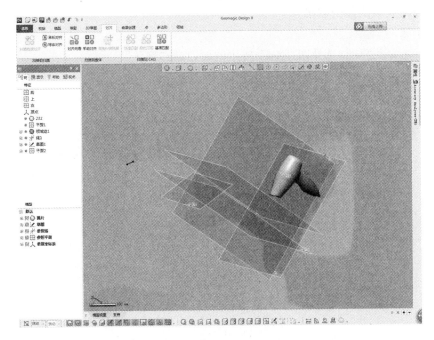

图 2-4-53

隐藏上面画的平面 1 和平面 2 后得到调整好的坐标系,如图 2-4-54 所示(按 Alt＋1～6 得到不同视图方向)。

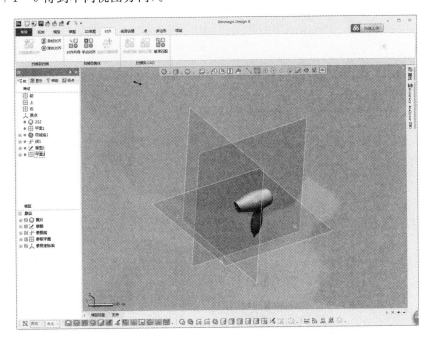

图 2-4-54

3. 电吹风顶部的创建

步骤一

点击面片草图,选择图 2-4-55 所示的面,点击"确认"。

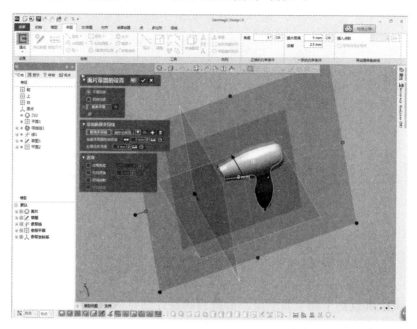

图 2-4-55

再绘制图 2-4-56 所示的草图并进行相切约束,完成后退出草图。

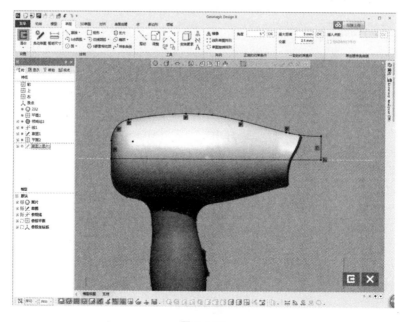

图 2-4-56

步骤二

选择"菜单"→"插入"→"实体"→"回转","轮廓"选择上一步所画的草图,中心轴选择回转轴上的直线,点击"确认",完成回转,如图 2-4-57 所示。

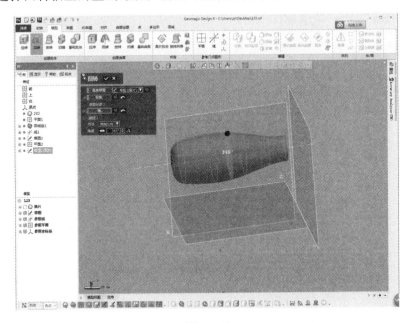

图 2-4-57

按 Ctrl+5 隐藏实体,点击"面片草图","平面"选择图 2-4-55 所选的平面,点击"确认",再绘制图 2-4-58 所示的草图并约束相切,最后点击"确认",完成草图。

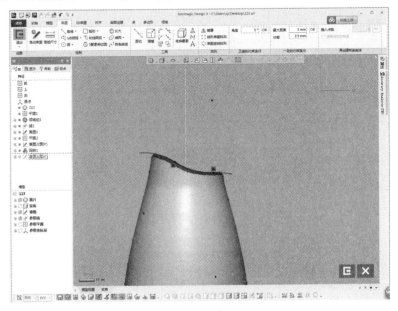

图 2-4-58

步骤三

选择"菜单"→"插入"→"曲面"→"拉伸",选取上一步所画的草图进行拉伸,勾选"反方向",点击"确认"完成拉伸,如图 2-4-59 所示。

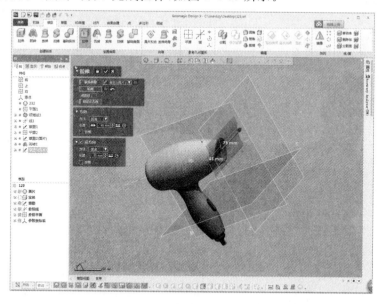

图 2-4-59

按"Ctrl＋5"显示实体,再点击"菜单"→"插入"→"实体"→"切割","工具"选择图 2-4-59 所画的曲面,"对象"选择图 2-4-57 所画的回转体,点击"下一阶段","残留体"选择最大的体,最终效果如图 2-4-60 所示。

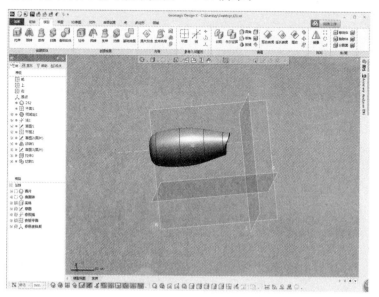

图 2-4-60

4. 电吹风按钮的创建

步骤一

选择面片草图，基准面选择图 2-4-61 箭头所指的平面。

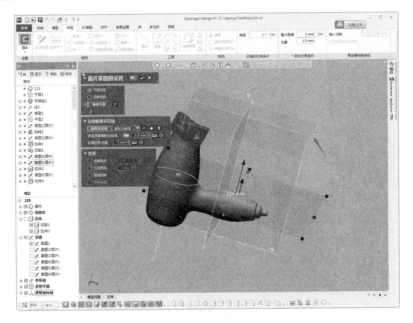

图 2-4-61

用"圆"和"直线"命令画出图 2-4-62 中的草图，点击"确认"，完成草图。

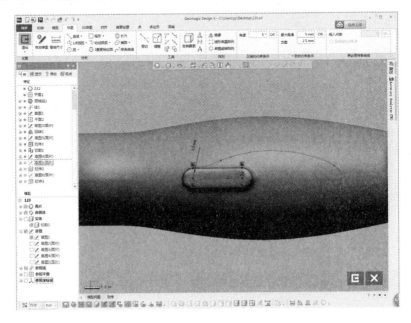

图 2-4-62

步骤二

选择"菜单"→"插入"→"实体"→"拉伸","轮廓"选择图 2-4-62 所画的草图线,勾选"反方向",效果如图 2-4-63 所示,点击"确认",完成拉伸。

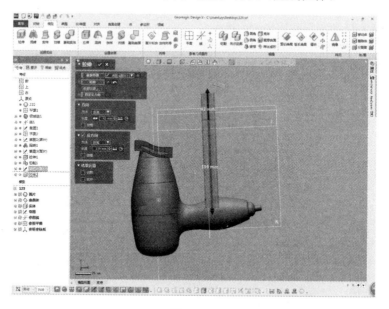

图 2-4-63

步骤三

按"Ctrl＋5"隐藏实体,点击"面片草图",绘制图 2-4-64 所示的草图,最后点击"退出",完成草图。

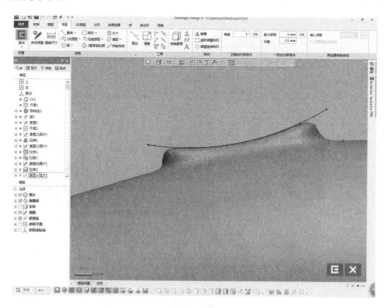

图 2-4-64

选择"菜单"→"插入"→"实体"→"拉伸","轮廓"选择图 2-4-64 绘制的草图线,勾选"反方向",效果如图 2-4-65 所示,点击"确认",完成拉伸。

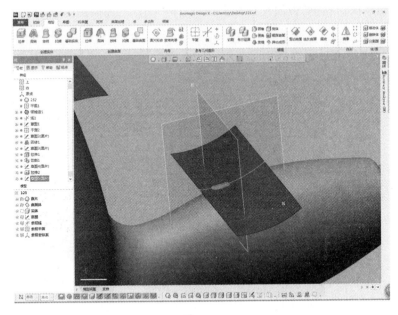

图 2-4-65

按"Ctrl＋5"显示实体,"菜单"→"插入"→"实体"→"切割","工具"选择图 2-4-65所画的曲面,"对象"选择图 2-4-64 所画的实体,点击"下一阶段","残留体"选择最小的体,最终结果如图 2-4-66 所示。

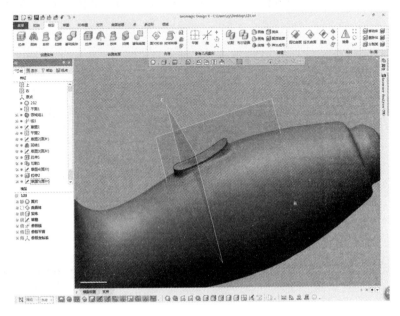

图 2-4-66

步骤四

选择"菜单"→"插入"→"建模特征"→"圆角"，"要素"选择图 2-4-67 所选的边，再点击箭头所指的"由面片估算半径"，点击"确认"，完成倒圆。

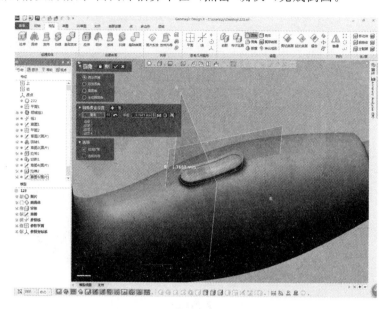

图 2-4-67

5. 电吹风按钮点云的去除

选择"菜单"→"工具"→"面片工具"→"删除特征"，涂抹电吹风按钮位置如图 2-4-68所示，点击"确认"，删除电吹风按钮特征。最终结果如图 2-4-69 所示。

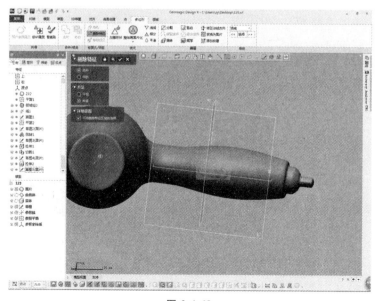

图 2-4-68

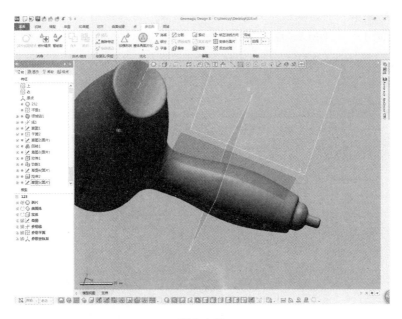

图 2-4-69

6. 电吹风手柄建模

步骤一

选择"菜单"→"插入"→"建模精灵"→"放样向导","领域"选择图 2-4-70 所选择的领域(注意:图 2-4-70 所框选的两条边不能超过领域组的范围,否则会导致作出的面有些误差,大家根据实际情况做参考),点击"下一阶段",完成放样向导。

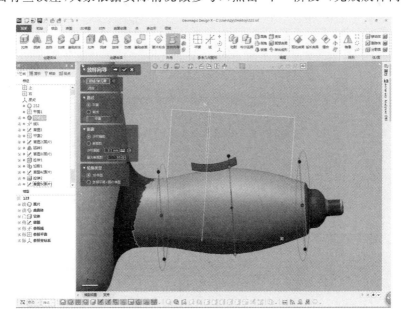

图 2-4-70

选择"菜单"→"插入"→"曲面"→"延长曲面",再选择图 2-4-70 中所作出的其中一边,如图 2-4-71 所示,点击"完成"。

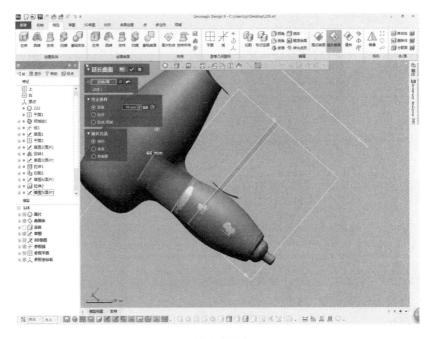

图 2-4-71

剩下一边按同样步骤进行延长,结果如图 2-4-72 所示。

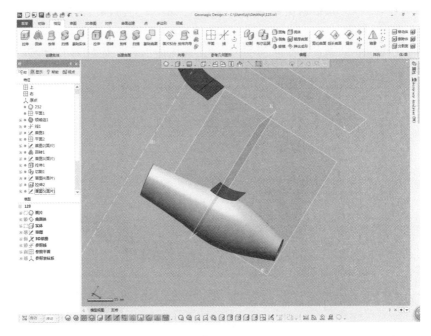

图 2-4-72

步骤二

点击"草图"，绘制图 2-4-73 中所示的草图。

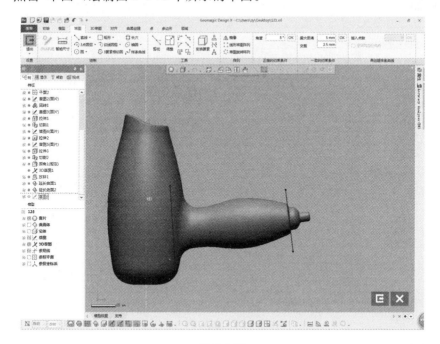

图 2-4-73

对图 2-4-73 中的草图进行拉伸，如图 2-4-74 所示。

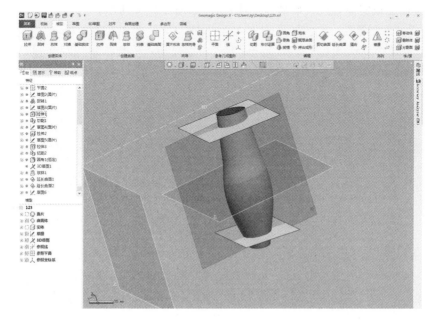

图 2-4-74

选择"菜单"→"插入"→"曲面"→"剪切曲面",修剪结果如图 2-4-75 所示。

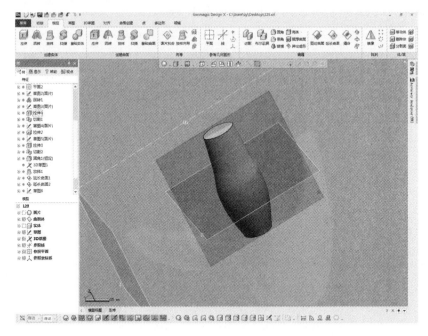

图 2-4-75

步骤三

选择"菜单"→"插入"→"曲面"→"缝合",将图 2-4-75 所修剪出来的面片进行缝合,进而变成实体,点击"确认",完成缝合,如图 2-4-76 所示。

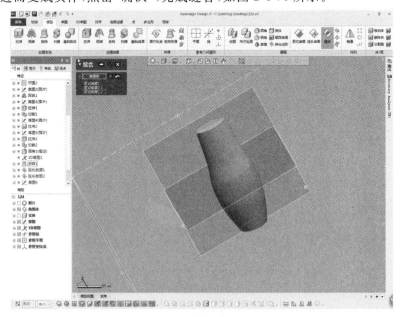

图 2-4-76

选择布尔运算将图 2-4-77 中的实体进行合并。

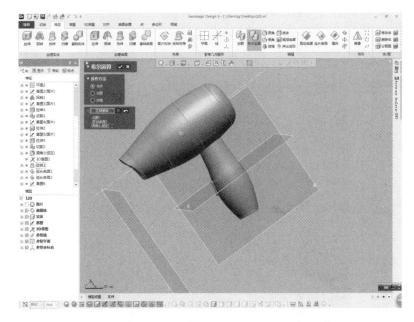

图 2-4-77

7. 电吹风手柄底部建模

步骤一

按照图 2-4-50 所示绘制回转轴的方法作出图 2-4-78 中的回转轴。

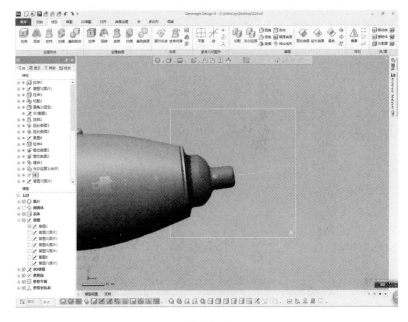

图 2-4-78

步骤二

点击"面片草图",绘制如图 2-4-79 中的草图。

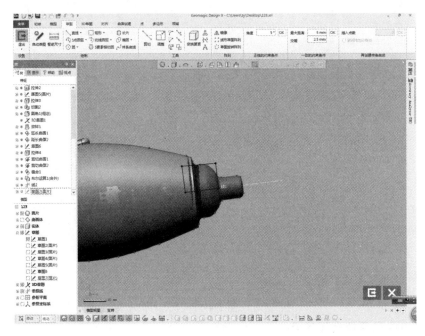

图 2-4-79

选择"菜单"→"插入"→"实体"→"旋转","轮廓"选择图 2-4-80 中的草图,"回转轴"选择箭头所指的边,点击"确认"完成回转。

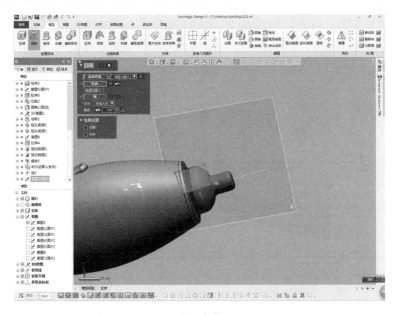

图 2-4-80

步骤三

选择"菜单"→"插入"→"参照几何体"→"平面","方法"选择"选择多个点",
按图 2-4-81 中内容来确定平面(在平面内选取 4 到 5 个点即可)。

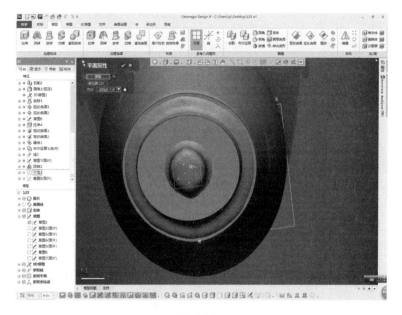

图 2-4-81

点击草图,以图 2-4-81 所作出的平面作为基准平面,画出图 2-4-82 所示内容
(通过圆和三点圆弧来画),点击"完成"退出草图。

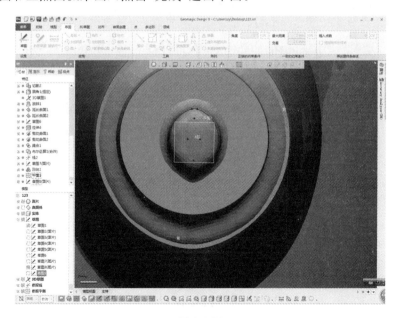

图 2-4-82

步骤四

选择"菜单"→"插入"→"实体"→"拉伸","轮廓"选择图 2-4-82 所作的草图,拉伸效果如图 2-4-83 所示。

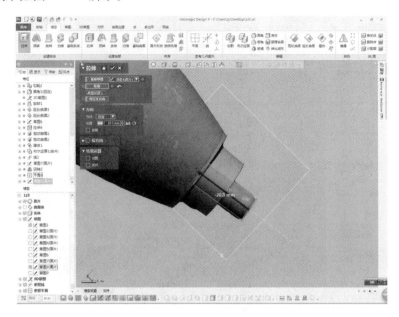

图 2-4-83

点击"布尔运算",将图 2-4-84 中所有体进行合并。

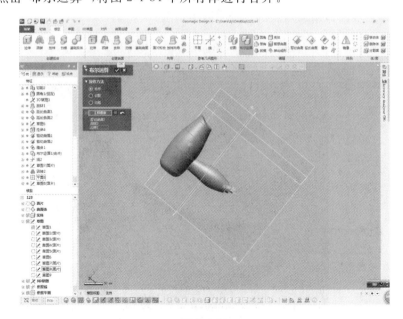

图 2-4-84

8.电吹风整体细节创建

步骤一

选择"菜单"→"插入"→"建模特征"→"圆角","要素"选择图 2-4-85 中箭头 1 所指的边角,再点箭头 2 所指的"由面片估算半径"。

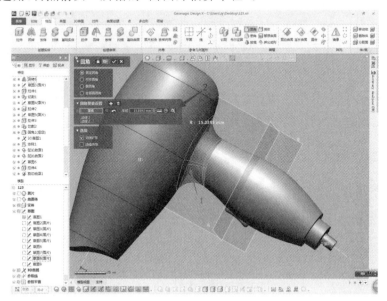

图 2-4-85

步骤二

最后按照上面的步骤把图 2-4-86 中 5 个箭头所指的边都倒圆角。

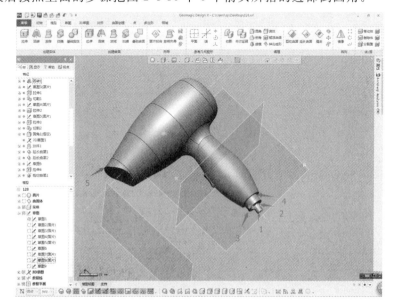

图 2-4-86

最终效果如图 2-4-87 所示。

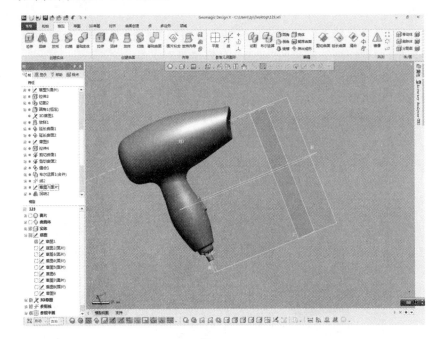

图 2-4-87

项目三　3D打印建模数据处理

3D打印建模数据处理包括三维模型的设计和建模数据导出。对于绝大多数增材制造设备而言，开始成型前，必须对工件的三维CAD模型进行STL格式化和切片等前期处理，以便得到一系列的截面轮廓。目前，STL格式已成为3D打印技术通用的格式。在计算机数据处理能力足够的前提下，进行STL格式化时，应选择更小、更多的三角面片，使数据更逼近原始三维模型的表面，这样可以减小由STL格式化所带来的误差。

学习目标

(1)了解主流3D建模软件数据导出的方法；

(2)掌握主流数据处理软件的使用。

教学视频

任务一　主流3D建模软件数据导出

3D打印模型数据处理三维软件以其直观化、可视化等优点在许多行业的概念设计、产品设计、产品制造、产品装配等方面都应用广泛，应用三维软件可以使产品的质量、成本、性能、可靠性、安全性等得到改善。目前市场上三维软件种类繁多，如UG、Pro/E、CATIA、SolidWorks等，每个三维软件在建模方面都有自己的特色。本任务以应用较为普遍的UG和Pro/E软件为例，来介绍数据的导出。

一、3D打印流程

3D打印是通过逐层增加材料来制造零件的，其流程如图3-1-1所示。

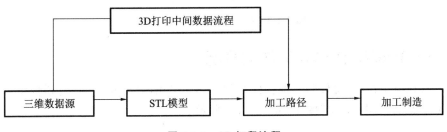

图3-1-1　3D打印流程

二、UG 中 STL 文件的导出

选择"文件"→"导出"→"STL 文件",然后在"三角公差"和"相邻公差"中输入 0,点击"确定",导出快速成型文件,输入文件名,再点击"OK"。最后,选中要转换的文件名后,点击"确定",接着点击提示框中的"不连续""否",如图 3-1-2 所示。

图 3-1-2　UG 中 STL 文件的导出

三、Pro/E 中 STL 文件的导出

选择菜单栏的"文件"→"保存副本"菜单,在弹出的"保存副本"对话框中选择"STL"类型,点击"确定"按钮,如图 3-1-3 所示。

图 3-1-3 Pro/E 软件中的文件菜单

在弹出的"导出 STL"对话框中系统默认的是二进制 STL 文件,有两种偏差控制方式,即"弦高"和"角度控制",如图 3-1-4 所示。

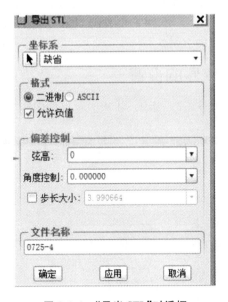

图 3-1-4 "导出 STL"对话框

在"导出 STL"对话框中将"弦高""角度控制"数值都修改成 0,此时系统会重新计算出一个新的弦高,点击"确定"按钮。CAD 模型采用 Pro/E 进行 STL 输出的最终三角面片化的效果如图 3-1-5 所示。

图 3-1-5　Pro/E 输出 STL 文件的效果

任务二　3D 打印切片软件 Cura

Cura 是 Ultimaker 公司设计的 3D 打印切片软件,是目前主流的 3D 打印切片软件,Cura 的特点是切片速度快,用户体验好,相对其他切片软件来说,界面较为专业,可以设置的参数也较多。

一、Cura 切片软件的设置

Cura 的操作界面如图 3-2-1 所示,其基本参数如图 3-2-2 所示。

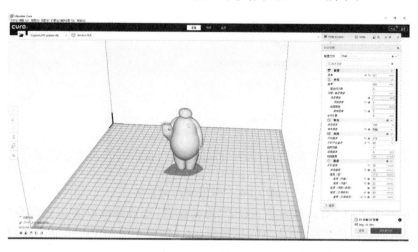

图 3-2-1　Cura 界面

1. 基本设置

(1)层厚:每一层丝的厚度,支持 0.05~0.4 mm,推荐在 0.1~0.2 mm 取值。

图 3-2-2 Cura 基本参数

层厚越小,表面越精细,打印时间越长。

(2)壁厚:模型外壁厚度,每层丝最大直径为 0.4 mm,推荐在 0.8~2.0 mm 取值。壁厚越大,强度越好,打印时间越长。

(3)顶层/底层厚度:顶层/底层的厚度。如果打印模型出现顶部破孔,可以适当调大这个数值。

(4)填充密度:0 为空心,100% 为实心。减少填充可以节省打印时间,但是影响强度。空心有时候会因为壁厚太薄,无法完成模型打印,适当的填充有时候是必要的。

(5)打印温度:打印时挤出头的温度,ABS 材料推荐 210~230 ℃,PLA 材料推荐 190~220 ℃。如果温度太低则无法挤出,材料堵住喷嘴无法出丝。

(6)打印平台温度:打印材料为 ABS 时材料推荐 90~110 ℃,打印材料为 PLA 时材料推荐 70~80 ℃。温度太低,耗材黏性不够,会造成粘不紧,出现翘边的现象。

(7)流量:打印时丝的流速。

(8)启用回抽:打印的时候将丝回抽。如果不反抽会产生拉丝,影响成型效果。

(9)打印速度:推荐 40~60 mm/s。适当地调低速度,让打印出的材料有足够的冷却时间,可以让模型打印得更好。

(10)生成支撑:打印的过程中因为有悬空,丝会因为重力作用掉下来,所以需要添加支撑,但不是所有悬空都是需要支撑的。

(11)打印平台附着类型:增加一个底座,可以让打印的模型粘得更紧。选项中"无"表示不添加底座;"Brim"表示加厚底座,并在周围增加附着材料;"Raft"表示添加网状的底座,Raft类型底座更省材料;"Skirt"表示在模型周围打印一条线,但不与模型连接。

2. 高级设置

Cura高级设置如图3-2-3所示。

图 3-2-3 Cura 高级设置

(1)起始层高:第一层的厚度。第一层设置厚一点,可以让模型粘得更紧。

(2)回抽距离:反抽回去丝的长度。这两个参数在基本设置中选择允许反抽才有意义。

(3)回抽速度:反抽的速度。理论上速度快一点会更好,但是有可能导致不出丝。

(4)填充速度:机器移动的速度。移动速度越快,打印用时越短。

(5)速度(外壁):打印外壁的速度,低速打印可以让外壁打印得更好。减低外壁打印速度,可以让表面更光滑。

(6)速度(内壁):打印内壁的速度。速度快点可以缩短打印时间。

(7)速度(顶部/底部):打印顶部/底部的速度。适当调低打印速度,可以让顶部/底部粘得更紧。

(8)空驶速度:机器移动的速度。移动速度越快,打印用时越短。

(9)最短单层冷却时间:每层打印的最小时间,在打印太快的时候,机器会根据这个层最小打印时间调低速度,确保足够的冷却时间。控制机器每层的最小打印时间,确保有足够的冷却时间。

二、Cura 的数据导入

点击 图标,导入打印模型,如图 3-2-4 所示。

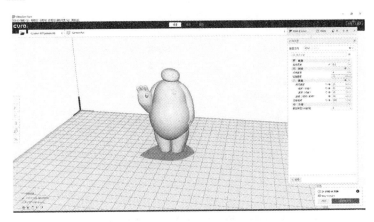

图 3-2-4 Cura 模型导入界面

点击"偏好设置"菜单,选择"打印机",找到所需的打印机,点击"添加",添加打印机,如图 3-2-5 所示。根据 XJ3DP 机器工作范围 240 mm×150 mm×240 mm 设置打印机,如图 3-2-6 所示。

图 3-2-5 添加 XJ3DP 打印机

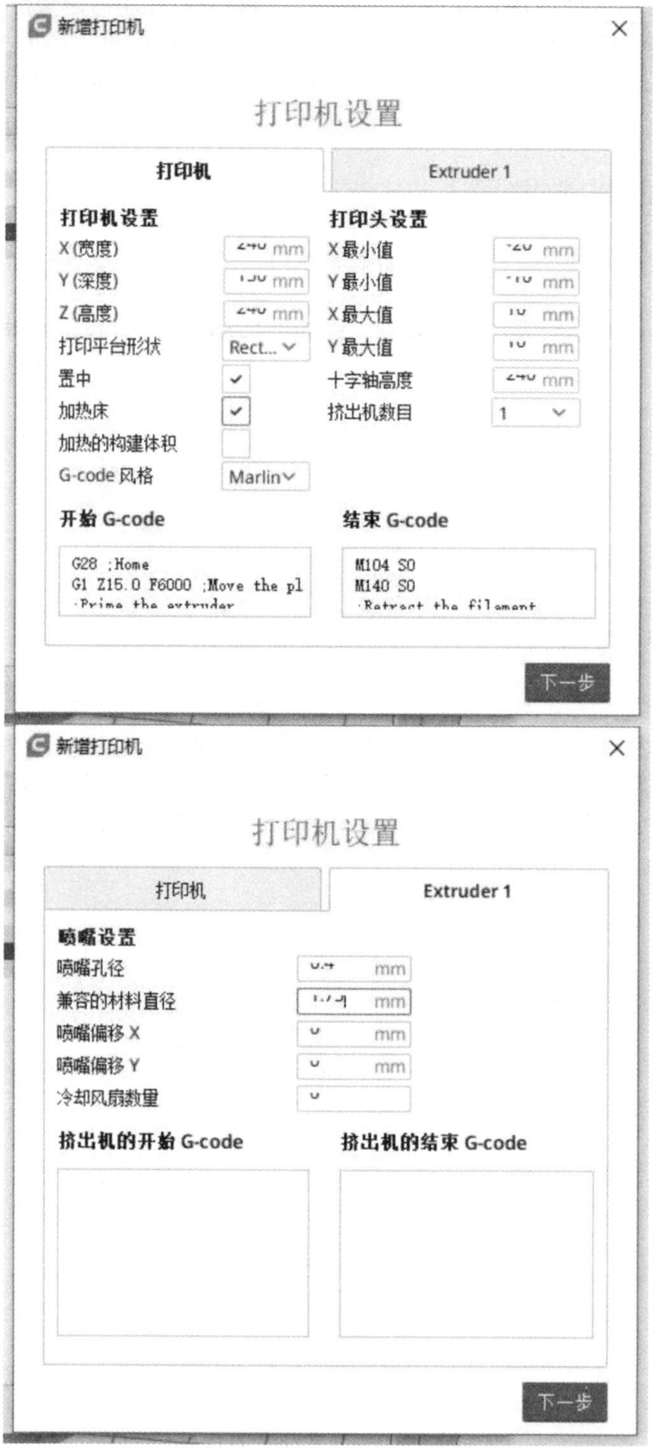
新增打印机
打印机设置
打印机
Extruder 1
打印机设置
X (宽度)
Y (深度)
Z (高度)
打印平台形状
Rect...
置中
加热床
加热的构建体积
G-code 风格
Marlin
打印头设置
X 最小值
Y 最小值
X 最大值
Y 最大值
十字轴高度
挤出机数目
1
mm
开始 G-code
G28 ;Home
G1 Z15.0 F6000 ;Move the pl
结束 G-code
M104 S0
M140 S0
下一步
新增打印机
打印机设置
打印机
Extruder 1
喷嘴设置
喷嘴孔径
兼容的材料直径
喷嘴偏移 X
喷嘴偏移 Y
冷却风扇数量
mm
挤出机的开始 G-code
挤出机的结束 G-code
下一步

图 3-2-6　打印机设置

打印参数设置如图 3-2-7 所示。

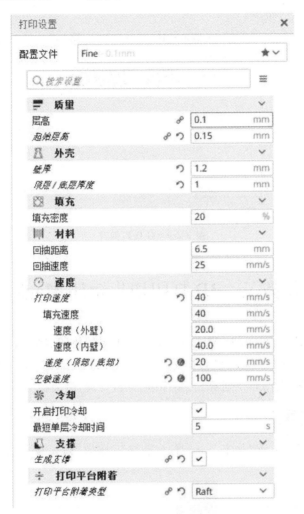

图 3-2-7　参数设置

参数设置好后即可导入打印模型，如图 3-2-8 所示。

图 3-2-8　导入打印模型

点击右下角"保存到文件",进行模型切片。保存 G 代码:选择保存位置,点击"保存",如图 3-2-9 所示。

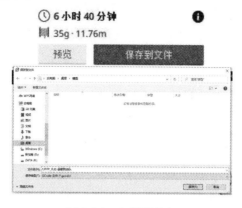

图 3-2-9　G 代码保存

任务三　3D 打印切片软件 Magics

Magics 软件是由比利时 Materialise 公司推出的快速成型 3D 设计软件,它为广大用户提供了一个快速成型的有效途径,方便用户对 STL 文件进行测量、处理等操作,并拥有强大的布尔运算、三角缩减、光滑处理、碰撞检测等功能。

一、模型导入

点击"文件",选择"加载"→"导入零件",导入 STL 格式文件,如图 3-3-1 所示。

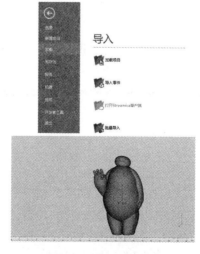

图 3-3-1　STL 文件导入

二、模型修复

检测图形是否存在破损，如有破损，选择工具栏"修复向导"图标进行修复（快捷键为"Ctrl＋F"），然后点击"更新"完成模型修复，如图 3-3-2 所示。

图 3-3-2 模型数据修复

三、模型导入机器平台

1. 测量模型的大小

测量模型的大小以便于选择机器平台，如图 3-3-3 所示。

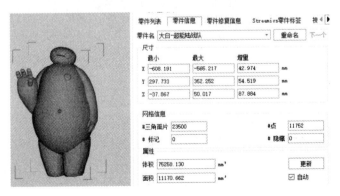

图 3-3-3 测量模型的大小

2. 创建光固化成型机器平台

选取工具栏"加工准备"图标,点击"从设计者视图创建新平台",选择 **450** 3D打印机网板,如图 3-3-4 所示。

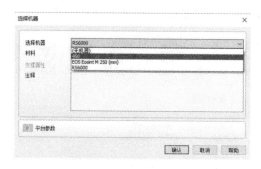

图 3-3-4 创建机器平台

3. 模型选面摆正

模型零件尽可能选择平面做底面并放置于机器平台中心位置,底面与机器平台高度为 6 mm。

选择"视图"选项卡,选择俯视图,按 F3 激活模型,点击鼠标左键移动模型到指定位置,如图 3-3-5 所示。

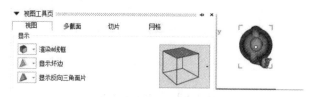

图 3-3-5 移动模型

选择"工具"→"平移"图标,设置零件摆放高度为 6 mm,如图 3-3-6 所示。

图 3-3-6 设置零件摆放高度

4.生成支撑数据

选择生成支撑选项卡,点击"生成支撑"图标,自动生成支撑,如图 3-3-7 所示。

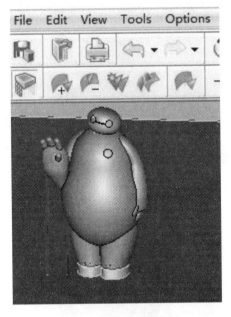

图 3-3-7 生成支撑数据

5.支撑检查及优化

选择"视图"选项卡,选择俯视图,再选择"多截面"选项卡,如图 3-3-8 所示,勾选 Z 轴,选择"隐藏远离原点的一侧",设置层厚为0.1 mm,通过按键盘的上下键进行仿真模拟。

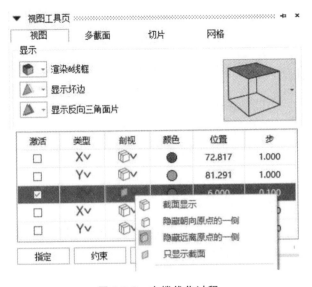

图 3-3-8 支撑优化过程

6.支撑优化结果

通过仿真模拟,找出可以去除的一些支撑,选择"选择支撑"图标,再点击"块状"将支撑优化,如图 3-3-9 所示,以达到节省打印时间和打印材料的目的。

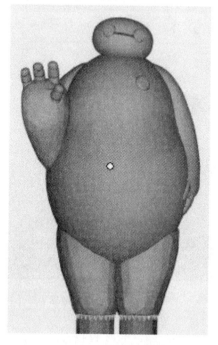

图 3-3-9　支撑优化结果

选择"Yes"完成支撑优化,退出生成支撑页面,选择"No"不保存支撑,如图 3-3-10所示。

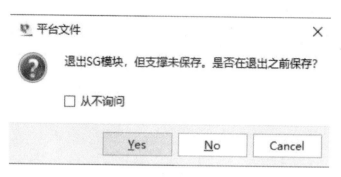

图 3-3-10　退出支撑页面

7.数据导出及打印

选择切片选项卡,点击"切片所有"图标,选择导出路径,如图 3-3-11 所示,选取导出格式为 SLC 文件,将 SLC 文件导入 SLA450 设备,如图 3-3-12 所示,即可进行打印。

图 3-3-11 导出路径

图 3-3-12 导出数据结果

项目四　光固化成型技术

　　光固化成型(stereolithography,SL)是3D打印光聚合成型技术之一,是目前市面上常用的打印技术,其制作质量高,打印效果好。

　　光固化成型技术以光敏树脂为原料,用计算机控制紫外激光沿零件各分层截面轮廓逐点扫描,使被扫描区的树脂薄层产生光聚合反应,从而形成零件的一个薄层截面。当一层固化完毕,移动工作台,喷头在固化了的树脂表面再涂铺一层新的液态树脂以便进行下一层的扫描固化。新固化的一层牢固地黏合在前一层上,如此重复,直至整个零件原型制造完毕。

学习目标

　　(1)掌握光固化成型打印机的操作及维护方法;
　　(2)掌握光固化成型打印机成型精度的控制方法;
　　(3)掌握光固化成型的特点及应用。

教学视频

任务一　光固化成型机操作与维护

　　本任务选取国内主流的光固化打印机(西安交通大学开发的SPS450B,见图4-1-1)进行讲解。

一、光固化成型机的主要性能指标

SPS450B设备主要性能指标如下。
(1)外形尺寸:1 665 mm×1 095 mm×1 930 mm。
(2)电源:AC 220 V。
(3)最大功率:3.0 kW。
(4)加工范围:450 mm×450 mm×350 mm。
(5)加工精度:±0.1 mm(≤100 mm),±0.1%(>100 mm)。
(6)扫描速度:2 000~10 000 mm/s。
(7)分层厚度:0.05~0.2 mm。

图 4-1-1　西安交通大学开发的 SPS450B

二、光固化成型机的操作

光固化成型机控制面板如图 4-1-2 所示。

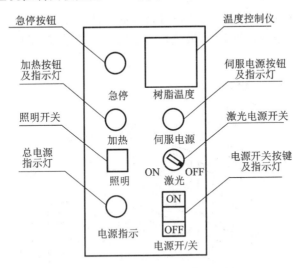

图 4-1-2　光固化成型机控制面板

1. 制件操作步骤

（1）打开总电源开关（在成型机后板上）。

（2）按下电源开关的"ON"按钮，电源指示灯亮。

（3）按下"加热"按钮，加热指示灯亮，即开始给树脂加热，温度控制仪控制加热温度。树脂温度上升到 32 ℃时,开始制作零件。加热过程大约需要 1 h(若工作间隔不长,可不必关断加热及电源按钮,免去长时间的加热等待)。

(4)旋转"激光"旋钮至"ON"位置,打开激光器电源。

(5)打开计算机,启动 Windows 系统。

(6)按下伺服电源按钮,伺服指示灯亮,伺服系统上电。

(7)打开 RPBuild 控制程序,加载待加工零件的 *.pmr 或 *.slc 文件。

(8)加载或设定制作工艺参数。

(9)调整托板位置,使之略高于液面(0.3 mm 左右);若继续制作上次中断的零件,则不要移动托板。

(10)点击"开始重新制作"后,计算机会提示是否自动关闭激光器(若连续制作,选择"否",若考虑其他,选择"是"),选择后进入自动制作过程。制作完成后,屏幕将出现"RP 项目制作完成"提示。

(11)调整托板位置,使托板高出液面,取出制件,并将托板清理干净。清理过程中,可以按下"照明"按钮,使用灯光照明。

(12)继续制作其他零件,则重复步骤(7)~(11)。

(13)旋转"激光"旋钮至"OFF"位置,关闭激光器(注意:关闭激光器之前,不应关闭伺服电源及 RPBuild 控制程序)。

若长时间不使用机器,则应关闭各电源开关,最后关闭总电源。

2. 光固化成型机的日常保养与维护

光固化成型机按其功能可分为硬件部分和软件部分,其中硬件(见图 4-1-3)包括激光扫描系统、托板升降系统、液位控制系统与涂铺系统、温度控制系统和计算机控制系统。

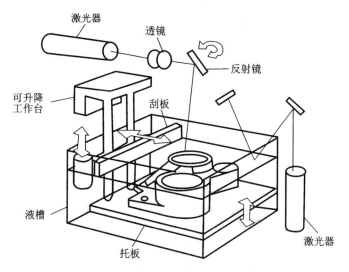

图 4-1-3　光固化成型机硬件部分示意图

1)激光扫描系统的日常保养与维护

用光学镜头擦拭纸蘸少许无水乙醇(擦拭纸浸湿后再用力甩干),擦拭反射镜表面,每擦一次更换一次擦拭纸,不要用同一张纸反复擦拭。

注意:在操作过程中要防止激光直接照射人眼和皮肤,激光器、反射镜、扫描器和聚焦镜要防尘。

2)托板升降系统的日常保养与维护

(1)定期检查轴承及丝杠副润滑情况,导轨每隔一段时间要擦洗、上油一次,建议用10♯机油。

(2)加工制作完成以后,将工作台升起至托板高出树脂液面3~5 mm。

(3)在托板上刮铲零件时,不要用力过大,以免托板受力变形。

(4)加工制作完成后,及时将托板清理干净。使用时间较长的情况下,托板上的有些小孔会被固化的树脂阻塞,此时应该清理托板,可将拖板拆卸下来再进行清理。托板的拆卸方法:转动网板前端两个带滚花的偏心夹紧机构,使其挂钩脱开,再松开网板里边的两个压紧螺钉,水平向前抽出网板。

(5)Z 轴方向间隙的消除。如果 Z 轴方向进给量有误差,可能是 Z 轴滚珠丝杠轴向窜动引起的。Z 轴方向的检查调整可从以下两个方面进行:

①检查电动机与丝杠之间的联轴器是否松动,如松动应将紧固螺钉拧紧;

②检查上轴承盖是否压紧上轴承外圈,检查时可用长螺钉上下撬动丝杠,观察是否有间隙,如有间隙,可以调整压紧轴承的上端盖消除间隙。

(6)维修时,如果需要拆下滚珠丝杠副,拆下后不要将滚珠丝杠滑块移到丝杠的尽头,以免滚珠掉出来。如果需要拆下直线导轨副,拆下后不要将直线导轨滑块移到直线导轨的尽头,以免滚珠掉出来。

(7)在同步带传动机构中,从动轮支座安装在可微调的滑块上,松开其紧固螺钉,调节滑块的位置,可张紧同步齿形带,然后拧紧滑块的紧固螺钉。

(8)整机的水平校正应每 3 个月进行一次(首次应在装满树脂后),制件的尺寸精度校正则应为光路系统每调整一次就校正一次。

3)液位控制系统与涂铺系统的日常保养与维护

(1)液位控制系统,每次进行制件前要检查液面,保持树脂充足,如果不足就适当添加树脂。

(2)长时间使用涂铺系统(见图 4-1-4),刮板上会黏附许多固化后的树脂,影响刮板涂层工作,必须予以清除。刮板机构是可拆卸的,只要拧下导向键上四个螺钉,即可取下刮板。用工具清除刮板上的树脂,再用酒精清洗,清理干净后再将刮板装上即可。

涂层机构(见图 4-1-5)的滚珠直线导轨也应定期擦除脏物,涂少量机油,保持导轨的清洁与运动灵活。

图 4-1-4　涂铺系统

图 4-1-5　涂层机构

4)温度控制系统的日常保养与维护

树脂的温度由 PID 温度控制系统自动调节,如图 4-1-6 所示,温度控制系统使树脂温度维持在某范围内。温度传感器测量树脂的温度,当树脂的温度超过设定值时,温度控制系统给固态继电器发出指令,红外线加热板断电;当温度低于设定值时,红外线加热板通电给树脂加热。

在日常使用时,应定期对温度控制系统进行清洁,清洁时不要用酸性、碱性等腐蚀性液体以及含水的抹布擦拭,以免温度控制器受损和影响其正常使用。其次,不要对温度控制器进行装饰和覆盖。

图 4-1-6　温度控制系统

树脂的温度对制件的成型质量有一定的影响,一般应待树脂温度恒定在32 ℃时再开始制作零件。

5)计算机控制系统的日常保养与维护

(1)制件文件要合理存放,尽量不要在计算机中安装其他软件。

(2)制件完成后要关闭计算机。

3.光固化成型的特点及应用

在目前应用较多的几种 3D 打印技术中,光固化成型由于具有成型过程自动化程度高、制作的原型精度高、表面质量好以及能够实现比较精细的结构的成型等特点,得到了较为广泛的应用。

1)光固化成型主要优点

(1)光固化成型是最早出现的快速原型制造工艺,成熟度高。

(2)由 CAD 数字模型直接制成原型,加工速度快,产品生产周期短,不需切削工具与模具。

(3)成型精度高(在 0.1 mm 左右),成型件表面质量好。

2)光固化成型主要缺点

(1)光固化成型系统造价高昂,使用和维护成本相对较高。

(2)工作环境要求苛刻。耗材为液态树脂,具有气味和毒性,需密闭存放,同时为防止提前发生聚合反应,需要避光保存。

(3)成型件多为树脂类,强度、刚度不高,耐热性一般,使用范围和寿命有限。

(4)软件系统操作复杂,入门困难。

(5)后处理操作相对烦琐。打印出的工件需用工业酒精和丙酮进行清洗,并进行二次固化。

3)光固化成型的应用

光固化成型由于具有加工速度快、成型精度高、成型件表面质量好、技术成熟等优点,适合用在概念设计、单件小批量精密铸造、产品模型及模具制造等方面,被广泛应用于航空、汽车、消费品、电器及医疗等领域(见图 4-1-7)。

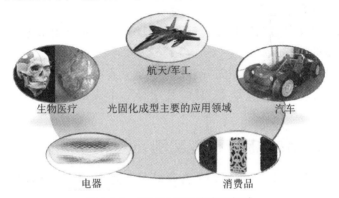

图 4-1-7　光固化成型的应用领域

任务二　光固化成型的典型案例

本任务讲解通过 Magics 软件对三维模型数据进行切片,导出 SLC 文件,再用光固化机对数据进行加载来制作模型的案例。

光固化成型的流程可分为三个阶段:数据准备、快速成型制作和后处理,如图4-2-1 所示 。

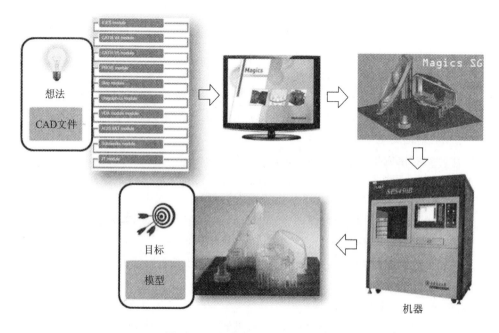

图 4-2-1　光固化机成型工作流程

数据准备包括三维模型的设计、STL 数据的转换、制作方向的选择、分层切片以及支撑编辑等几个过程。

快速成型制作是将制造数据传输到成型机中,快速成型出零件的过程,它是快速成型技术的核心。

后处理是指整个零件成型完后进行的辅助处理,包括零件的清洗、支撑去除、后固化、修补、打磨、表面喷漆等,目的是获得一个表面质量与力学性能更优的零件。

一、光固化成型制作模型实例

下面以制作如图 4-2-2 所示的生肖狗模型为例,讲解光固化成型的方法。

图 4-2-2　生肖狗模型

1. Magics 软件数据处理

（1）双击 Magics 图标，导入数据，如图 4-2-3 所示。

（2）设置打印工作台。点击工具栏中的 图标，在弹出的对话框中选择 450 工作台，如图 4-2-4 所示。

图 4-2-3　导入数据　　　　图 4-2-4　选择工作台

（3）再点击工具栏中的 图标，进行模型摆放（尽量摆在工作台中心），如图 4-2-5 所示。

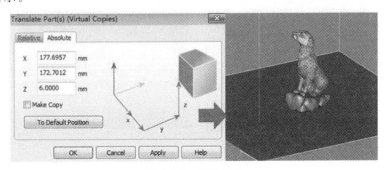

图 4-2-5　模型摆放

(4)模型修复。选择菜单栏的"Tools"菜单,点击 图标,再点击"Go to Advised Step"按钮进行修复,修复项出现绿色勾证明已修复完毕,如图4-2-6所示。

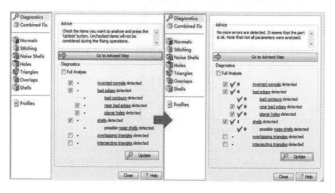

图4-2-6　模型修复

(5)选择菜单栏的"Support Generation"菜单,点击 图标,自动生成支撑,如图4-2-7所示。

图4-2-7

(6)修改支撑类型。点击 图标,显示全部支撑,把支撑类型"1"改为"Block";支撑类型"0"改为"None",如图4-2-8所示。

ID	Type	T	X Min	Y Min
1...	Block	2	254...	240.611
1...	Block	1	209...	196.991
1...	Block	1	272...	211.740
1...	Block	1	247...	178.105
1...	Block	1	245...	177.775
1...	Block	1	250...	212.032
1...	Block	1	216...	205.987
1...	Block	1	218...	188.938
1...	Block	1	192...	186.395
1...	Block	1	274...	207.378

ID	Type	T	X Min	Y Min
1...	None *	0	185...	194.735
1...	None *	0	251...	177.808
1...	None *	0	251...	179.212
1...	None *	0	253...	178.872
1...	None *	0	214...	198.795
1...	None *	0	252...	178.493
1...	None *	0	248...	177.315
1...	None *	0	249...	177.335
1...	None *	0	247...	177.861
1...	None *	0	249...	177.218

图4-2-8　修改支撑类型

（7）手动修改支撑。按 F11 键隐藏工作台，把模型切换为俯视图，设置 Z 方向切片参数 ☑ **Z**⁝ **↑**⁝ ● 5.9999 0.1000 ，按住键盘**↑**及**↓**进行细节仿真，如图 4-2-9 所示。

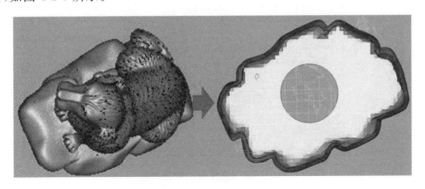

图 4-2-9 手动修改支撑

（8）删掉多余支撑。选择"Support Generation"菜单，单击 ▦ 图标，选择要删除的支撑，按"Delete"键，删除多余支撑后的模型如图 4-2-10 所示。

图 4-2-10 删除多余支撑

（9）退出支撑编辑界面，点击 🏃 图标，选择"否"，如图 4-2-11 所示。

图 4-2-11 保存支撑

(10)导出分层数据。点击 图标,选择分层数据的导出路径导出分层数据,如图 4-2-12 所示。

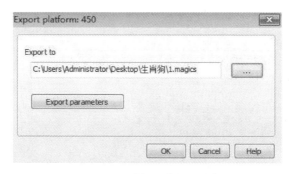

图 4-2-12 选择导出数据路径

(11)分析导出文件。导出文件中的.slc 文件是实体文件,_s.slc 文件是支撑文件,.s 文件是工作台文件,其余是模型文件和整个切片数据文件。导出文件列表如图 4-2-13 所示。

生肖狗	2018/2/10 17:14	Platform Docum...	4,022 KB
生肖狗.slc	2018/2/10 17:15	SLC 文件	19,136 KB
生肖狗	2018/2/10 17:14	Platform Docum...	23,551 KB
生肖狗_s.slc	2018/2/10 17:15	SLC 文件	9,942 KB
生肖狗_s	2018/2/10 17:15	Platform Docum...	3,964 KB

图 4-2-13 导出文件列表

2.光固化机操作

(1)打开 RPBuild 软件,将文件菜单中的.slc 文件导入设备,如图 4-2-14 所示。

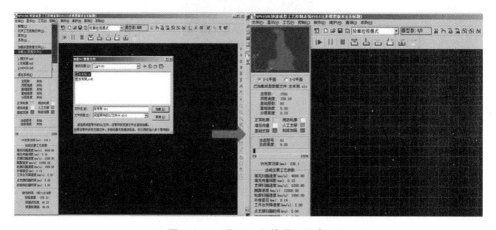

图 4-2-14 将.slc 文件导入设备

(2)搅拌树脂。点击 图标,弹出如图 4-2-15 所示的对话框,点击"启动搅拌"按钮进行搅拌。

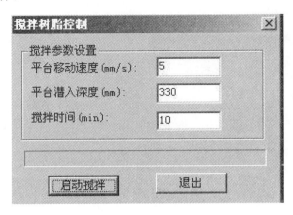

图 4-2-15　搅拌参数设置

（3）进行打印。选择制作模式，点击 ▶ 按键开始制作，如图 4-2-16 所示。

图 4-2-16　制作模式选择

（4）打印结束。点击 图标，进行工作台移动控制参数设置，升起工作台，如图 4-2-17 所示。

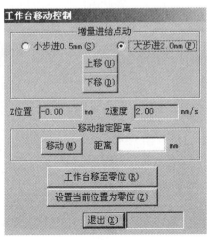

图 4-2-17　设置工作台升起参数

(5)取件。打印完的制件放在工作台上 15 min 后再取出来,让制件表面多余的树脂流下,如图 4-2-18 所示。

图 4-2-18　取件过程

3.后处理

(1)去除支撑。将模型的支撑去掉,保留实体特征,如图 4-2-19 所示。

图 4-2-19　去除支撑

(2)清洗模型。利用刷子在工业酒精里洗刷模型,把模型表面残留的树脂清洗干净,如图 4-2-20 所示。

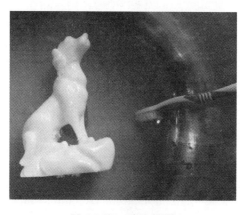

图 4-2-20　清洗模型

（3）紫外线固化。将模型放进紫外线固化箱中,利用紫外线把局部一些特征再加强固化,如图 4-2-21 所示。

图 4-2-21　固化模型

（4）打磨。将固化后的模型用砂纸进行打磨。砂纸的选用应先选用粗砂纸再选用细砂纸,以保证表面的光滑度,如图 4-2-22 所示。

图 4-2-22　打磨模型

（5）上色。选取或调制所需颜色的颜料,用颜料刷给模型上色(古铜色的生肖狗),如图 4-2-23 所示。

图 4-2-23　模型上色

二、光固化成型常见问题及其处理

(1)几何数据处理造成的误差:适当调整 STL 格式的转化精度。

(2)成型过程中材料的固化收缩引起的翘曲变形:改进材料配方。

(3)树脂涂层厚度对精度的影响:减小涂层厚度,提高正向运动精度。

(4)光学系统对成型精度的影响:可采用单模激光器代替多模激光器。

(5)激光扫描方式对成型精度的影响:选择合适的扫描方式以减少零件的收缩量,避免翘曲变形,提高成型精度。

项目五　熔融挤压成型技术

熔融挤压成型(fused deposition modeling,FDM),通俗来讲就是利用高温将材料融化成液态,通过打印头挤出后固化,最后在立体空间上排列形成立体实物。熔融挤压成型技术出现在 20 世纪 80 年代末期。1988 年,Scott Crump 发明了熔融挤压成型技术;次年,Scott Crump 成立了 Stratasys 公司;1992 年,第一台基于熔融沉积成型技术的 3D 打印设备出售。

学习目标

(1)掌握熔融挤压成型打印机的结构及原理;
(2)掌握熔融挤压成型打印机的操作及维护技术;
(3)掌握熔融挤压成型打印后处理方法。

教学视频

任务一　熔融挤压成型打印机的操作与维护

熔融挤压成型技术在 3D 打印领域有着重要的地位。熔融挤压成型技术主要依靠打印头和打印平台的移动,来实现三维立体模型的构建。

本项目选取国内主流的熔融挤压成型打印机——北京太尔时代科技有限公司的 UP-BOX(见图 5-1-1)进行讲解。

图 5-1-1　UP-BOX

UP-BOX 设备主要性能指标如下。

(1) 最大成型尺寸:255 mm×205 mm×205 mm。

(2) 分层厚度:0.1/0.15/0.20 /0.25 /0.30 /0.35 /0.40 mm。

(3) 智能支撑生成:自动生成,容易剥离。

(4) 电源:AC 110～240 V,50～60 Hz,220 W。

一、打印机介绍

熔融挤压成型打印机外部结构简图如图 5-1-2 所示。

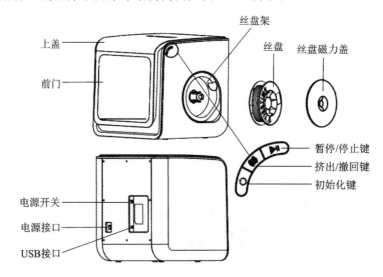

图 5-1-2　打印机外部结构简图

3D 打印机内部结构如图 5-1-3 所示。

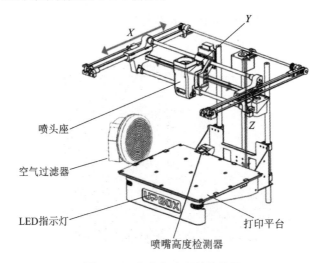

图 5-1-3　打印机内部结构简图

二、打印机基本操作

1. 安装打印平板

将如图 5-1-4 所示的多孔打印平板置于打印机工作台上,然后在右下角和左下角把加热板和多孔打印板向前推,使其锁紧在加热板上,如图 5-1-5 所示。

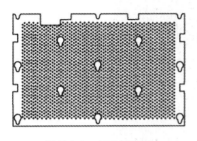

图 5-1-4　多孔打印板

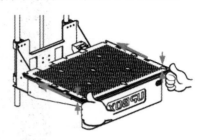

图 5-1-5　多孔打印板安装示意图

2. 安装打印丝材

打开磁盘盖,将丝材插入丝盘架导管,直到丝材从导管另一端伸出;将丝盘安装到丝盘架上,然后盖好丝盘盖。如图 5-1-6 所示。

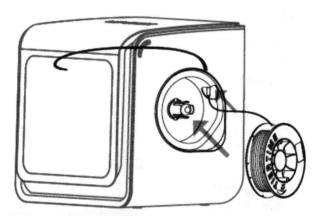

图 5-1-6　丝材安装示意图

3. 打印机初始化

打印机每次开机时都需要初始化。在初始化期间,打印头和打印工作台缓慢移动,并会触碰到 X、Y、Z 轴的限位开关,打印喷头和打印工作台返回打印机出厂时的初始位置,建立一个唯一的坐标系。

4. 3D 打印工作台自动水平校准及喷嘴高度测试

(1)平台校准是成功打印的前提,因为只有经过平台校准,才能确保第一层的黏附。理想情况下,喷嘴和平台之间的距离是恒定的,实际上,喷嘴和平台之间的距离在不同位置会有所不同,这可能造成制件翘边,甚至打印完全失败。UP-BOX 具有自动平台校准和自动喷嘴对高功能。通过这两个功能,校准过程可以快速方便地完成。

在校准菜单中,选择"自动水平校准",校准探头将被放下,并开始探测平台上的 9 个位置,如图 5-1-7、图 5-1-8 所示。在探测平台之后,调平数据将被更新,并储存在机器内,调平探头也将自动缩回。

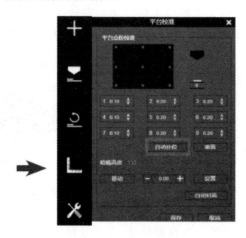

图 5-1-7　平台校准界面

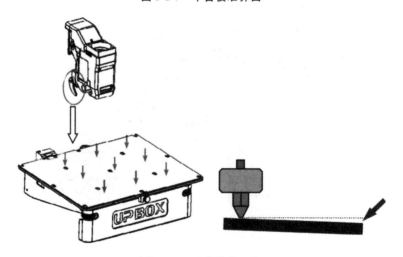

图 5-1-8　平台校准示意

(2)3D 打印机喷嘴高度自动测试。在校准菜单中选择"自动对高",启动喷嘴高段自动测试功能,如图 5-1-9 所示。

校准注意事项:

①应在喷嘴未被加热时进行校准。

②应在校准之前清除喷嘴上残留的材料。

③在校准前,应把多孔板安装在平台上。

④平台自动校准和喷嘴自动对高只能在喷嘴温度低于 80℃状态下进行,喷嘴温度高于 80℃时无法启动这两项功能。

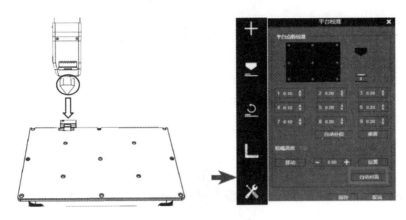

图 5-1-9　喷嘴对高

（3）平台手动校准。通常情况下，手动校准为非必要步骤。只有在自动调平不能有效调平平台，或遇到自动化程度不高的 3D 打印设备时，才需要手动校准。具体步骤如下。

①一般 3D 打印的平台下部有 3 或 4 个手调螺母，可以通过拧紧或松开这些螺母来调节平台的水平，如图 5-1-10 所示。

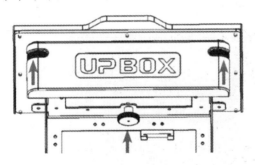

图 5-1-10　调节螺母来调节平台的水平度

②也可以在校准页面使用"移动"按钮将打印平台移动到特定高度，如图 5-1-11所示。将打印头移动到平台中心，并将平台移动到几乎触到喷嘴（也即喷嘴高度）的位置。

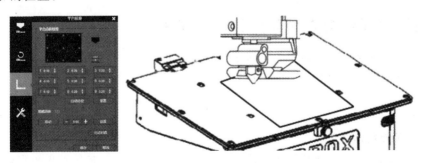

图 5-1-11　粗校验喷嘴

③可使用一张纸来确定平台的高度,尝试移动纸张,并感觉其移动时的阻力。

如果喷嘴将纸张紧压在平台上,表示平台过高,应略微降低平台,如图 5-1-12 (a)所示。

当移动纸张时无阻力,表示平台过低,应略微升高平台,如图 5-1-12(b)所示。

纸张刚刚触碰到喷嘴,在喷嘴和平台之间移动纸张无阻力,表示喷嘴高度合适,如图 5-1-12(c)所示。

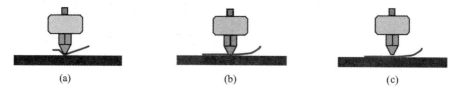

(a)　　　　　　　　(b)　　　　　　　　(c)

图 5-1-12　校验平台的高度

④确定高度后,在校准页面使用"设置"按钮,将打印平台设定为喷嘴高度。

5. 准备打印

点击如图 5-1-13 所示的"挤出"按钮。打印头开始加热,在大约 5 min 之后,打印头的温度达到丝材的熔点(对于 ABS 而言,温度为 260℃)。在打印机发出蜂鸣后,打印头开始顺畅挤出丝材。

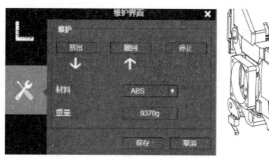

图 5-1-13　预喷丝材

6. 加载模型开始打印

打印准备就绪后,加载模型即可开始打印。

三、打印注意事项与打印机的维护

1. 确保精确的喷嘴高度和打印平台的水平度

未调平的平台通常会造成制件翘边。喷嘴高度值过低将造成制件变形,过高将使喷嘴撞击平台,从而造成损伤或堵塞。打印前应按前文所述方法调平平台,调好喷嘴高度。

2. 预热打印平台

请使用"打印"界面中的预热功能对平台进行预热,一个充分预热的平台对于大型成型件打印以及确保制件不产生翘边至关重要。

3. 打印机的日常保养与维护

(1)开启 3D 打印机打印前,要仔细做一些检查:喷头是否有堵塞或损坏现象,各部分连接线是否正常,电动机轴承和导轨是否缺油,螺母是否松动,平台是否校准等。

(2)喷嘴内有滞留物时要立即清理干净。如图5-1-14所示,打印机喷嘴经过长时间使用后会堵塞,用户可以更换新喷嘴,或将堵塞的喷嘴清理干净后使用。堵塞的喷嘴可以用很多方法去疏通,比如说用 0.2 mm 钻头钻通,在丙酮中浸泡,用热风枪吹通或者用火烧掉堵塞的打印材料。

(3)3D 打印机在打印过程中,各参数的设定不要超出设备的限制范围,否则不能打印出合格的产品,温度过高或者负载过大等问题也会对设备造成损害。

(4)打印完成后要做好清洁工作,3D 打印机的喷嘴、平台、导轨、电动机、风扇等上面的污垢要及时清理干净。

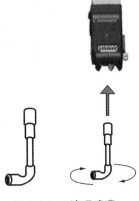

图 5-1-14　清理喷嘴

任务二　熔融挤压成型的典型案例

一、熔融挤压成型制作零件典型案例

本任务介绍利用 UP-BOX 打印机打印模型的案例,打印丝材为 ABS。

(1)3D 打印机通电,打开 UP-BOX 软件,点击菜单栏"三维打印",弹出下拉菜单,如图 5-2-1 所示,点击"初始化"选项。

图 5-2-1　UP 软件工具栏

(2)再点击菜单栏"三维打印",弹出下拉菜单,点击"维护"选项,在弹出的对话框中选择"挤出",喷头进入加热状态,如图 5-2-2 所示。当喷头加热至 270℃时,喷头将自动挤出丝材。

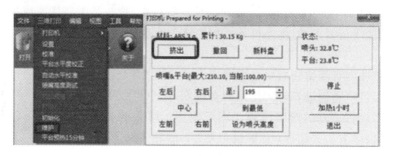

图 5-2-2　预喷丝材

(3)加载要打印的三维模型文件,如图 5-2-3 所示。

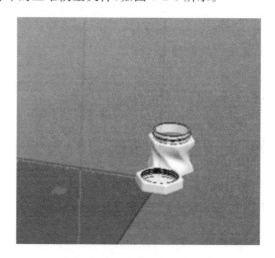

图 5-2-3　导入模型

(4)点击工具栏"自动布局"图标,自动调整模型至默认最佳摆放位置,如图 5-2-4所示。

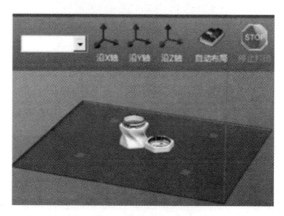

图 5-2-4　模型最佳摆放位置

（5）点击菜单栏的"三维打印"，在下拉菜单中选择"设置"选项，弹出"设置"对话框。选择默认参数，点击"确定"，完成打印参数的设置，如图5-2-5所示。

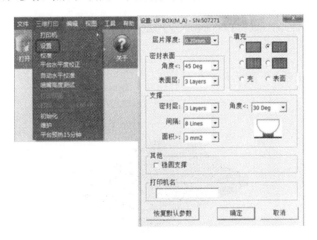

图 5-2-5　打印参数设置

（6）点击工具栏的"打印"按钮，弹出打印设置窗口；经检查确认参数无误后，点击"确定"，系统自动进行三维模型分层并向打印机传输数据，弹出打印信息预算框，点击"确定"，退出当前窗口，如图 5-2-6 所示。

图 5-2-6　进行打印确定

（7）打印结束并等待打印平台冷却后，将打印平台连同打印模型一起从打印机上取下来，用小铲从基底铲下模型。

（8）对模型进行后处理。3D 打印后处理主要是对打印出来的模型表面以及细节进行处理，使模型精度更高，美观度更高。

①去支撑、修边角。取下模型后，除去模型上的支撑，再修整边角。

②打磨，抛光。打磨包括：砂纸打磨、电磨、锉刀打磨；震动抛光；珠光处理等。抛光包括：火烤法抛光，溶剂熏蒸法抛光，模型抛光液抛光，蒸汽平滑，表面喷砂。

③上色。除了全彩砂岩的打印技术可以做到彩色 3D 打印之外，其他的一般

只可以打印单种颜色。不同材料例如 ABS、光敏树脂、尼龙、金属等需要使用不同的颜料上色。上色方法包括：油漆上色、丙烯上色、喷枪上色、马克笔上色等。

二、成型常见缺陷及解决办法

1. 翘边

翘边缺陷如图 5-2-7 所示。

图 5-2-7　翘边

（1）问题：模型底部一个或多个角翘起，无法水平附着于打印平台上。翘边会导致顶部结构出现横向裂痕。

（2）原因：翘边是常见问题，往往是由于第一层打印材料冷却收缩，使模型边缘卷起。

（3）处理：

①加热打印平台，使第一层打印材料保持一定的温度，不至于马上固化，这样，该材料就可平坦地附着于打印平台上。

②在打印平台上均匀地涂上薄薄一层胶水，增加第一层材料的附着力。

③确保打印平台完全水平。

④有时需要增加垫子，来加大打印平台的黏着力。

2. 大象腿

大象腿缺陷如图 5-2-8 所示。

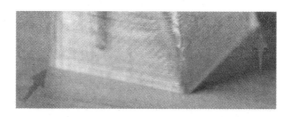

图 5-2-8　大象腿缺陷

（1）问题：模型底部（即第一层）比设计的尺寸宽。

（2）原因：为了避免翘边，用户常常会压扁第一层材料，这样容易使底部突出而成为"大象腿";模型质量增加对第一层材料造成挤压,如果此时底层还未固化(尤其是打印机有加热平台的情况下),也容易形成此问题。

(3)处理:要想同时避免翘边和大象腿问题有点难,为了尽可能减少模型底部的突起,一般调平打印平台,打印喷头略微远离打印平台(但不要太远,否则模型就无法黏附了),此外,略微降低打印平台温度。

如果是自己设计的 3D 模型,可在模型的底部挖个小倒角,从 5 mm 和 45°的倒角开始试验,直至达到理想效果。

3. 细节丢失

细节丢失的缺陷如图 5-2-9 所示。

图 5-2-9 模型设计效果与模型 3D 细节丢失的打印效果示例

(1)问题:3D 打印模型的细小特征丢失。

(2)原因:国内通用打印喷嘴直径为 0.4 mm,只能挤出直径与喷嘴内径相同的丝材,暂无法挤出直径比喷嘴直径小的丝材,丝材直径过大,无法实现细小特征打印。此外,在模型设计时没有考虑薄壁特征也会出现细节丢失的现象。

(3)处理:重新设计 3D 模型细小特征,强制切片软件去打印更小的细节。

4. 顶层稀疏

顶层稀疏缺陷如图 5-2-10 所示。

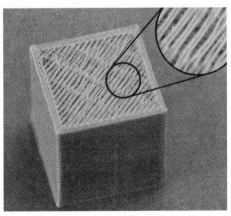

图 5-2-10 模型顶层稀疏

（1）问题：打印时模型顶部出现孔洞或缝隙。

（2）原因：顶部实心层数不足，填充率太低。

（3）处理：调整顶层实心填充层的数量，考虑设计模型顶层厚度和切片软件最小分层的层厚。在切片软件进行数据处理时，填充率越大，越利于打印出密实的上表面。

5. 打印件倾斜错位

打印件倾斜错位的缺陷如图5-2-11所示。

图 5-2-11　模型倾斜错位

（1）问题：上层移位。

（2）原因：X或Y轴的打印头不易移动；X或Y轴没有对齐，也就是说没有构成100%的直角；有滑轮没有固定到位。

（3）处理：针对上述原因分别进行以下处理。

①关掉打印机电源，徒手试试是否能轻松移动各轴。如果感觉僵硬，或者某个方向较难移动，则需用机油润滑轴。

②检查X轴与Y轴是否垂直：向打印机左侧和右侧移动打印头，调整滑块、滑轮的间距，使两轴互相垂直。

③检查滑轮的螺钉是否紧固，加固未紧固的螺钉。

6. 上下层扭曲

上下层扭曲的缺陷如图5-2-12所示。

（1）问题：模型中间的一些层出现移位。

（2）原因：

①打印机传动带没有紧固；

图 5-2-12 模型层未对齐

②顶板没有加固,围绕底板摇晃;

③Z 轴有一根杆不够直。

(3)处理:

①检查传动带,根据需要进行加固;

②检查顶板,根据需要进行加固;

③检查 Z 轴杆,更换不直的杆。

7. 丢失层

丢失层的缺陷如图 5-2-13 所示。

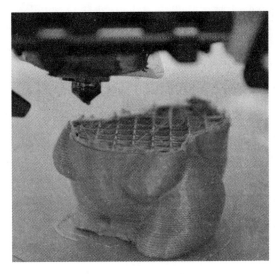

图 5-2-13 模型丢失层

(1)问题:跳过了某些层,导致模型存在间隙。

(2)原因:

①由于某些原因,打印机未能在本该打印的层提供所需的丝材,造成材料临

时未挤出。

②可能丝材、细丝卷、送丝轮存在问题(比如丝材直径有差异)或者喷嘴堵塞。

③打印平台摩擦造成了暂时性的卡死,这是由于垂直杆没有完全与线性轴承对齐。

④Z轴杆或轴承存在问题:杆歪曲、脏或抹油过度。

(3)处理:

①找到未挤出的原因会比较难,检查细丝卷和送丝系统,进行打印测试,查看问题有没重现,有助于找到原因。

②喷嘴堵塞需清理喷嘴,用0.2 mm钻头往复穿透喷嘴,再用酒精灯加热烧喷嘴。

③如果怀疑杆和轴承没有对齐,可查阅打印机用户指南,了解杆与轴承的对齐方式。

④找到杆和轴承的问题,并解决。

8.高模型出现裂痕

(1)问题:侧面出现裂痕,此问题在高模型中尤其多见。

(2)原因:顶部材料比底部材料降温快——因为加热平台的温度无法传递至高处,因此,顶部材料的黏合度降低。

(3)处理:提高挤出机温度,最好提高10℃。打印平台温度提高5~10℃。

9.下陷

下陷缺陷如图5-2-14所示。

图 5-2-14　模型平面下陷

(1)问题:上表面出现凹陷,甚至有洞。

(2)原因:冷却存在问题;上表面不够厚实。

(3)处理:打印上表面时,将冷却风扇设置为最高速;确保上表面至少有6层厚度。

10.拉丝

拉丝缺陷如图5-2-15所示。

(1)问题:模型零部件间出现不需要的塑料丝。

(2)原因:打印头在非打印状态下移动时,滴落部分细丝。

图 5-2-15　模型出现拉丝

（3）处理：大多数打印机都有回缩功能,启动此功能后,在非打印状态下移动打印头前打印机就会缩进细丝,这样就不会有多余的打印材料从打印头滴落,形成拉丝了。

任务三　熔融挤压成型打印材料性能

一、熔融挤压成型的材料要求

熔融挤压成型工艺对成型材料的要求是熔融温度低、黏度低、黏结性好、收缩率小。影响材料挤出过程的主要因素是黏度。材料的黏度低,流动性好,阻力就小,有助于材料顺利挤出。材料的黏度高,流动性差,需要很大的送丝压力才能将其挤出,这样会增加喷头的启停响应时间,从而影响成型精度。

二、材料的特点

熔融挤压成型是一种清洁、易用且适合办公室使用的 3D 打印工艺。所成型的热塑性零件可耐受高温、化学、潮湿或干燥的环境,而且可以抵抗机械应力。可熔性成型材料能够用于制造复杂的几何图形和凹槽,这些图形通过传统制造方法很难构建。

三、熔融挤压成型常用材料

1. ABS

ABS 材料如图 5-3-1 所示,它是丙烯腈、丁二烯和苯乙烯的三元共聚物,A 代表丙烯腈,B 代表丁二烯,S 代表苯乙烯。ABS 为五大合成树脂之一,具有抗冲击性、耐热性、耐低温性、耐化学药品性及优良的电气性能,还具有易加工、制品尺寸稳定、表面光泽性好等特点,容易涂装、着色,可以进行表面喷镀金属、电镀、焊接、热压和黏结等二次加工,广泛应用于机械、汽车、电子电器、仪器仪表、纺织和建筑等工业领域,是一种用途极广的热塑性工程塑料。ABS 的性能如表 5-3-1 所示。

图 5-3-1　ABS 材料

表 5-3-1　ABS 的性能

项　目	描　述
优点	韧度高、耐高温、易加工、易上色、支撑较易去除
缺点	易翘边、气味难闻
挤出温度	一般为 220～240℃
平台温度	一般为 80～100℃
常见用途	制作小中尺寸模型、面积较小的平面复杂结构

2. PLA

PLA 是一种新型的可生物降解的材料,如图 5-3-2 所示,使用可再生的植物资源(如玉米)所提取的淀粉原料制成。适用于吹塑、热塑、熔融挤压成型等各种加工方法,加工方便,应用十分广泛。PLA 的性能如表 5-3-2 所示。

图 5-3-2　PLA 材料

表 5-3-2　PLA 的性能

项　目	描　述
优点	翘边小、硬度高、气味小、可透光
缺点	韧度低、怕高温、难加工、难上色、支撑较难去除
挤出温度	一般为 190～210℃
平台温度	一般为 50～80℃
常见用途	制作中大尺寸模型、面积较大的平面复杂结构

3. PLA 和 ABS 的区别

PLA 是晶体，ABS 是非晶体。加热时，ABS 固体材料会慢慢转变为凝胶液体，不经过状态改变。而加热 PLA 固体材料时，它会像冰一样，直接从固体转变为液体。

（1）色泽。ABS 呈亚光，而 PLA 很光亮。

（2）温度。加热到 195℃，PLA 丝材可以顺畅挤出，而 ABS 丝材不可以；加热到 220 ℃，ABS 丝材可以顺畅挤出，而 PLA 丝材会出现鼓起的气泡，甚至被碳化，碳化后会堵住喷嘴。

项目六　激光选区熔化技术

激光选区熔化是 3D 打印粒状物成型的技术之一,是目前市面上常用的打印技术,其制件表面质量高,力学性能好。

1995 年,德国 Fraunhofer 激光器研究所提出了激光选区熔化技术(selective laser melting,SLM),用它能直接成型出几乎完全致密的金属零件。激光选区熔化技术克服了激光选区烧结(selective laser sintering,SLS)技术制造金属零件时工艺过程复杂的困难。激光选区烧结直接使用激光作为热能量烧结或者熔化高分子聚合物材料,将其作为黏合剂用于黏合金属或者陶瓷,黏合以后通过在熔炉加热聚合物蒸发形成多孔的实体,最后通过渗透低熔点的金属提高密度,减小多孔性。激光选区熔化相对激光选区烧结来说是新的技术,也是激光选区烧结技术的一种延伸。这两种方法成型过程基本是一样的,区别在于,激光选区熔化使用金属粉末代替激光选区烧结中的高分子聚合物作为黏合剂,一步直接形成多孔性低的成品,而激光选区烧结需要在打印成型件后进行金属渗透处理。

学习目标

(1)掌握激光选区熔化打印机的操作及维护;

(2)掌握激光选区熔化的特点及应用;

(3)掌握激光选区熔化打印成型技巧。

教学视频

任务一　激光选区熔化设备的安装与维护

一、激光选区熔化设备的组成

本任务选取如图 6-1-1 所示的国内主流的激光选区熔化打印机 DiMetal-280 进行讲解。

DiMetal-280 设备主要性能指标如下。

(1)最大成型尺寸:250 mm×250 mm×300 mm。

(2)激光器类型:光纤激光器。

(3)激光器功率:400 W(选配 500 W)。

(4)加工层厚:10 ~100 μm。

图 6-1-1　DiMetal-280

（5）加工速度：6～30 cm³/h。

（6）最小成型特征：100 μm。

（7）成型材料：不锈钢、钛合金、钴铬合金、铝合金等金属粉末。

DiMetal-280 设备由七大功能部件组成，分别是底架、缸体、成型系统、循环抽真空系统及气体保护系统、光路系统、电气控制系统和钣金外壳，如图 6-1-2 所示。

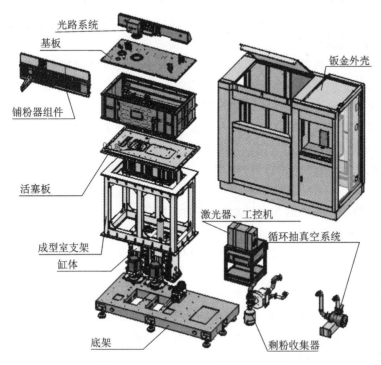

图 6-1-2　DiMetal-280 的主要部件图

二、激光选区熔化设备的安装

激光选区熔化设备的安装流程如图 6-1-3 所示。

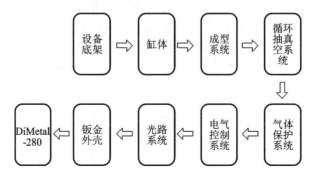

图 6-1-3　基本安装流程

三、激光选区熔化设备的维护

激光选区熔化 3D 打印机是光机电一体化的新技术产品,属于精密设备,必须进行日常维护和保养,以便正常工作。每隔半年必须用干燥的氮气对设备各个部件(主要是三个电源箱内部)进行一次大的除尘清洁。日常维护时,要做到工作台面无杂物,周围地面无尘、洁净。应定期对打印机的各种功能以及各接头的密封情况进行检测,对已损坏或老化的零件要及时更换,以保证设备性能良好。

1. 冷却系统的维护

(1)定期检查机器水箱内的存水量,若水量不足应及时添加至水位线;

(2)每月必须更换一次纯净水;

(3)定期清洗水箱和过滤网;

(4)定期检查各水管接口处是否漏水,有漏水则拧紧该处喉箍至不漏水。

2. 安全防护

(1)调试、维修激光器部分时,必须配戴激光防护眼镜,以防激光辐射对眼睛造成伤害;

(2)严禁将手放到激光出口处,以防灼伤皮肤。

3. 打印平台的维护

(1)基板的安装。先把活塞板升至最高,再清洗基板以及活塞板表面(应特别注意活塞板上的螺孔,若有金属粉末积在里面,需用吸气球把粉末吸出,否则不但损伤螺纹,还可能影响密封);然后把基板安放在活塞板指定位置,上好螺钉,调节螺钉松紧度,保证基板水平;最后把基板调节到与成型室底板水平的位置。

(2)基板的拆卸。把基板上的金属粉都扫进剩粉收集器,用吸气球把基板四角的螺孔周围的金属粉吸干净,再把螺钉拧出来,这时即可把基板取出。

4. 铺粉装置的安装与维护

先把刮刀安装支架安装在铺粉器的安装架上,注意确保刮刀安装支架的底面与成型室底板平行;再把刮刀安装板、金属刮刀、刮刀压板组装在一起,然后装在刮刀安装支架上;最后校正金属刮刀底部的水平度。

每次加工前需先进行铺粉测试,若铺粉出现凹凸不均匀现象,则要检查刮刀是否已磨损,若出现磨损则需要更换,且更换后需校正刮刀底部的水平度。

金属刮刀十分锋利,更换时需小心,避免刮伤。

四、激光选区熔化成型原理

激光选区熔化成型原理如图 6-1-4 所示。光纤激光器发出的高功率激光经过扩束后,通过 X 或 Y 轴振镜反射并在水平面或竖直平面聚焦扫描,由计算机控制扫描振镜,根据切片所填充的轮廓信息,选区熔化金属粉末。每层加工完成后,成型缸下降一层厚度,盛粉缸上升一定高度,铺粉装置将新的粉末铺展到刚刚完成的成型面上。重复上述铺粉与扫描过程,直到整个零件制作完成。

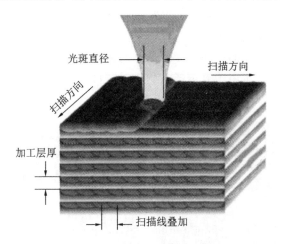

图 6-1-4 激光选区熔化成型原理

五、激光选区熔化的工艺流程

激光选区熔化工艺流程如图 6-1-5 所示,所涉及的专业软件主要有三类:①切片软件与支撑生成软件;②扫描路径生成软件;③设备总控制软件。

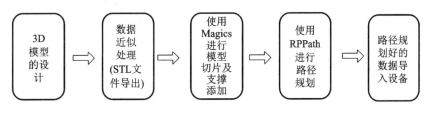

图 6-1-5 激光选区熔化工艺流程

六、激光选区熔化的特点及应用

1. 激光选区熔化的主要优点

（1）成型的金属零件性能好：致密度高，可达 90％以上，某几种金属材料成型后的致密度近乎 100％；抗拉强度等力学性能指标优于铸件，甚至可达到锻件水平；显微维氏硬度可高于锻件。

（2）打印过程中粉末完全熔化，因此尺寸精度较高。

（3）与传统减材制造相比，可节约大量材料，对较昂贵的金属材料而言，可节约一定成本。

2. 激光选区熔化的主要缺点

（1）成型速度较慢，为了提高加工精度，加工层厚较薄，加工小体积零件所用时间也较长，因此难以应用于大规模制造；

（2）设备稳定性、可重复性还需要提高；

（3）零件的表面粗糙度较高；

（4）熔化金属粉末需要大功率激光，能耗较高。

3. 激光选区熔化的应用

由于能够实现较高的打印精度和足够的力学性能，激光选区熔化不仅可用于模型、样机的制造，也可用于复杂形状的金属零件的小批量生产，能够应用于航空航天、医疗用品等领域（见图 6-1-6）。

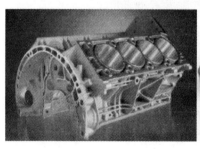

图 6-1-6　激光选区熔化的应用

七、影响激光选区熔化成型质量的因素

　　国外研究工作者总结发现,影响激光选区熔化成型质量的因素达到一百多个,其中,主要因素可分为六大类,包括:材料(成分、粒度分布、流动性、形状等),激光与光路系统(激光模式、波长、功率、光斑直径等),扫描特征(扫描速度、扫描方法、加工层厚、扫描线间距等),外界环境因素(氧含量、湿度等),几何特性(支撑添加方式、零件几何特征、空间摆放位置等),机械特性(粉末铺展平整性、成型缸运动精度、铺粉装置的稳定性等),如图 6-1-7 所示。激光选区熔化成型件的性能指标主要包括致密度、尺寸精度、表面粗糙度、零件内部残余应力、硬度与强度六个。

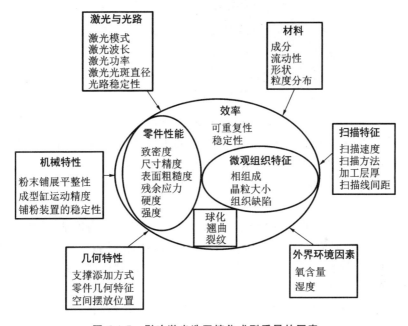

图 6-1-7　影响激光选区熔化成型质量的因素

　　在上述影响激光选区熔化成型质量的因素中,有些因素的影响无法避免,它们在所有的快速成型因素工艺中具有同样的影响,如扫描间距和铺粉装置的稳定性。另外一些因素需要根据材料不同而作出调整,在没有相关研究经验的情况下,需要通过实验去得出这些影响因素对激光选区熔化直接成型金属零件质量的影响。实验过程中一些细节因素对成型质量的影响也非常大,具体包括如下几个方面:①铺粉装置的设计原理、铺粉速度、铺粉刮刀或柔性齿与粉床上表面之间的距离、铺粉刮刀或柔性齿条与基板的水平度;②粉末被加工次数,粉末是否烘干及粉末氧化程度;③加工零件的尺寸(包括 X、Y、Z 三个方向的尺寸)、模型摆放方式、最大的横截面积、制件与铺粉刮刀或柔性齿条的接触长度。在成型的过程中,这些细节因素如果控制不好,则成型件质量低,甚至成型过程中需要停机,实验的稳定性、可重复性得不到保证。

八、激光选区熔化材料

与激光选区烧结类似,可以用于激光选区熔化成型的粉末材料(见图 6-1-8)也比较广泛。一般可以将激光选区熔化技术使用的粉末材料分为三类,分别是混合粉末、预合金粉末、单质金属粉末。

图 6-1-8　激光选区熔化材料

(1) 混合粉末。混合粉末由比例不同的粉末混合而成,在设计过程中需要考虑激光光斑大小对粉末粒度的要求。现有的研究表明,利用激光选区熔化工艺成型的构件力学性能受粉末材料致密度、成型均匀度的影响,而目前混合粉的致密度还有待提高。

(2) 预合金粉末。根据成分不同,可以将预合金粉末分为镍基、钴基、钛基、铁基、钨基、铜基等,研究表明,用预合金粉末材料制造的构件致密度可以超过 95%。

(3) 单质金属粉末。单质金属粉末主要为金属钛,其成型性较好,用其成型的工件致密度可达到 98%。

利用激光熔化,用金属和热硬性材料组成的混合物生产金属工件也是可能的。当热硬性材料经激光照射时,材料会立刻转变为具有黏性的液体。以选择型激光熔化环氧树脂和铁粉末混合物为例,在分子中的极性基团(例如环氧树脂基团)与树脂基团同时被极化,液体从由气孔中流出浸润金属颗粒,这样在不同的粒子之间就形成了一个桥梁。黏结效果主要受树脂与铁之间界面特性的影响。由于铁元素的磁性,铁质材料表面常常附着活性氢原子。附着在树脂分子极性基上带负电的氧原子,与铁质结构表面上的活性带正电的氢原子发生反应,使铁质材料表面易附着树脂。铁质粒子连接强度很大,主要原因是原子结合力比那些发生在铁质材料表面和其他无极性聚合物之间的分子间结合力要大。温度升高时,树脂黏性会降低,黏稠的液体可以更好地扩散。因此,会有更多的铁质材料表面附着树脂。然而,由过多激光能量诱发的树脂降解也可能会发生,从而降低粉末材料黏结能力。

任务二　激光选区熔化的典型案例

本任务以如图 6-2-1 所示的医疗义齿支架的制作为例,讲解如何通过 Magics 软件对三维模型数据进行切片,导出 SLC 文件,加载文件及模型制作。

医疗义齿支架的制作流程如图 6-2-2 所示,可分为三步:数据准备、快速成型制作及后处理。

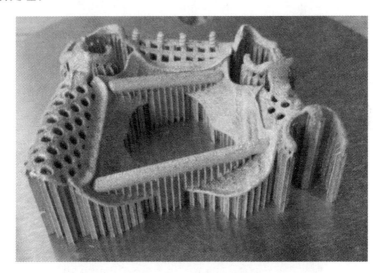

图 6-2-1　医疗义齿支架

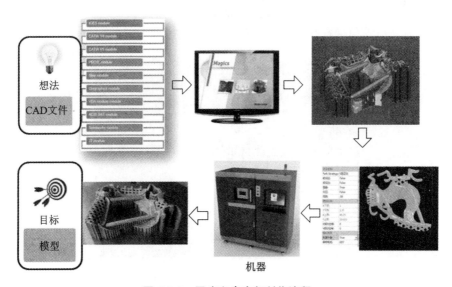

图 6-2-2　医疗义齿支架制作流程

(1)将义齿支架数据导入 Magics 软件,如图 6-2-3 所示。

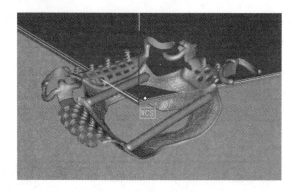

图 6-2-3 导入数据

(2)将义齿支架摆放在合理的位置,如图 6-2-4 所示。

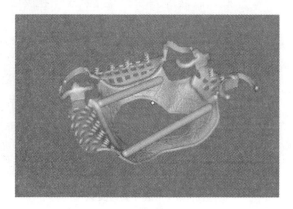

图 6-2-4 摆放义齿支架

(3)对义齿支架进行分层处理及支撑添加,如图 6-2-5 所示。

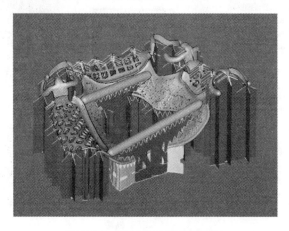

图 6-2-5 分层处理及支撑添加

（4）将义齿支架分层数据导出，如图 6-2-6 所示。

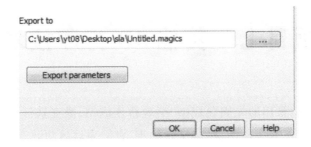

图 6-2-6　分层数据导出

（5）进行义齿支架分层数据路径规划，如图 6-2-7 所示。

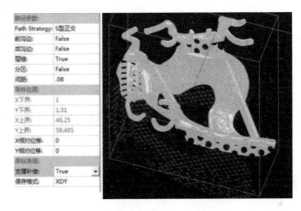

图 6-2-7　分层数据路径规划

（6）将 Magics 处理的数据导入设备，如图 6-2-8 所示。

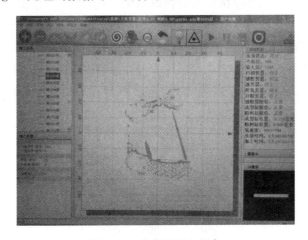

图 6-2-8　将数据导入设备

（7）进行模型制作。

项目七 其他 3D 打印技术

除了书本介绍常用的光固化成型、熔融挤压成型、激光选区烧结/熔化的 3D 打印技术外,还有分层实体制造、数字光处理、电子束选区熔化等不同类型的 3D 打印技术,这些 3D 打印技术在性能、成型方式、成型材料等方面有着很大的差异。

学习目标

(1)掌握分层实体制造技术的成型原理及应用;
(2)掌握数字光处理技术的成型原理及应用;
(3)掌握电子束选区熔化技术的成型原理及应用。

教学课件　　教学视频

任务一　分层实体制造 3D 打印技术

一、分层实体制造的原理

分层实体制造(laminated object manufacturing,LOM)法又称叠层实体制造法,它以片材(如纸片、塑料薄膜或复合材料)为原材料,其成型原理如图 7-1-1 所示。激光切割系统按照计算机提取的横截面轮廓线数据,将背面涂有热熔胶的薄材用激光切割出工件的内外轮廓。切割完一层后,送料机构将新的一层薄材叠加上去,利用热黏压装置将新送进的薄材与已切割层黏合在一起,然后再进行切割,这样一层层地切割、黏压,最终成为三维工件。LOM 常用材料是纸、金属箔、塑料膜、陶瓷膜等,此方法除了可以制造模具、模型外,还可以直接制造结构件或功能件。

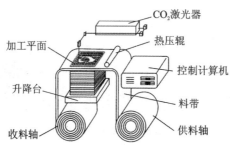

图 7-1-1　分层实体制造原理

二、分层实体制造注意的问题

分层实体制造工艺的步骤如下：

(1)加工时，热压辊热压材料，使之与下面已成型的部分黏结。用 CO_2 激光器在刚黏结的新层上切割出零件截面轮廓和工件外框，并在截面轮廓与外框之间多余的区域内切割上下对齐的网格。

(2)光切割完一层薄材后，工作台带动已经成型的部分下降；使新层移到加工区域，工作台上升到加工平面的高度。

(3)工件的层数增加一层，高度增加一个料厚；再在新层上切割截面轮廓。如此反复直至零件的所有截面切割、黏结完，最后将不需要的材料剥离，得到三维实体零件。

三、分层实体制造对材料和工艺的要求

分层实体制造对成型工艺和成型材料的要求涉及三个方面的问题：薄层材料、黏结剂和涂布工艺。目前的薄层材料多为纸材，黏结剂一般多为热熔胶。纸材的选取，热熔胶的配制及涂布工艺既要保证成型零件的质量，同时又要考虑制造成本。

1. 纸材

对纸材的要求如下：

(1)抗湿性。保证纸原料(卷轴纸)不会因时间长而吸水，从而保证热压过程中不会因水分的损失而产生变形和黏结不牢。

(2)良好的浸润性。保证良好的涂胶性能。

(3)收缩率小。保证热压过程中不会因部分水分损失而变形。

(4)一定的抗拉强度。保证加工过程中不被拉断。

(5)剥离性能好。因剥离时破坏发生在纸张内部，对纸的垂直方向抗拉强度要求不高。

(6)易打磨。能打磨至表面光滑。

(7)稳定性好。成型零件可以长时间保存。

2. 热熔胶

分层实体制造中的成型材料多为涂有热熔胶的纸材，层与层之间的黏结是由热熔胶来保证的。热熔胶的种类很多，最常用的是 EVA，占热熔胶总销量的 80% 左右。为了得到较好的使用效果，在热熔胶中还要增加其他的组分，如增黏剂、蜡等。分层实体制造工艺对热熔胶的基本要求如下：

(1)良好的热熔冷固性。要求在 $70\sim100$℃开始熔化，室温下固化。

(2)在反复熔化-固化条件下，具有较好的物理化学稳定性。

（3）熔融状态下具有较好的涂挂性与涂匀性。

（4）与纸具有足够的黏结强度。

（5）良好的废料分离性能。

3. 涂布工艺

涂布工艺包括涂布方式和涂布厚度。

涂布方式包括均匀式涂布和非均匀式涂布。均匀式涂布采用狭缝式刮板进行涂布，非均匀式涂布有条纹式涂布和颗粒式涂布。非均匀式涂布可以减小应力集中，但涂布设备价格高。

涂布厚度指的是在纸材上涂胶的厚度。在保证可靠黏结的情况下，尽可能涂薄一些，这样可以减少变形、溢胶和错位。

四、分层实体制造工艺的特征

1. 分层实体制造工艺的优点

（1）原型零件精度高。进行薄形材料选择性切割成型时，在原材料（涂胶的纸）中，只有极薄的一层胶发生状态变化，由固态变为熔融态，而主要的基底纸仍保持固态不变，因此翘曲变形较小。

分层实体制造成型工艺采用了特殊的上胶工艺，吸附在纸上的胶呈微粒状分布。用这种工艺制作的纸比热熔涂布法制作的纸的翘曲变形量小。

（2）制件能承受 200℃的高温，有较高的硬度和较好的力学性能，可进行各种切削加工。

（3）操作方便。

2. 分层实体制造成型工艺的缺点

（1）废料难以剥离；

（2）不能直接制作塑料工件；

（3）工件（特别是薄壁件）的强度和弹性不够好；

（4）工件易吸湿膨胀，因此，成型后应尽快进行表面防潮处理；

（5）工件表面有台阶纹，其高度等于材料的厚度（通常为 0.1 mm 左右），成型后需进行表面打磨。

任务二　数字光处理技术

一、数字光处理工艺的工作原理

数字光处理（digtal light processing，DLP）技术是 3D 打印成型技术的一种，也称为数字光处理快速成型技术。数字光处理技术与光固化成型有很多相似之处,其工作原理也是利用液态光敏聚合物在光照射下固化的特性而成型,如图7-2-1所示。数字光处理技术使用一种较高分辨率的数字光处理器来固化液态光聚合物,逐层对液态聚合物进行固化,如此循环往复,直到最终模型完成。数字光处理成型技术一般采用光敏树脂作为打印材料。

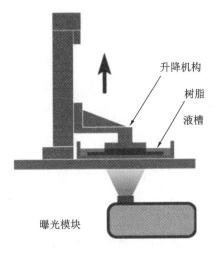

图 7-2-1　数字光处理工作原理示意图

二、数字光处理技术的特点

数字光处理技术的主要优点:

(1)打印速度快,甚至比光固化成型都快。

(2)打印分辨率高,物体表面光滑。

数字光处理技术的主要缺点:

(1)设备造价高。

(2)所用的液态树脂材料较贵,并且容易造成材料浪费。

(3)使用的液态树脂材料具有一定的毒性。

三、数字光处理打印的材料

数字光处理的 3D 打印机耗材与光固化的类似,一般也为液态光敏树脂。光敏树脂是一类在紫外线照射下借助光敏剂的作用能发生聚合并交联固化的树脂,由光敏剂和树脂组成。

四、数字光处理技术的应用

数字光处理技术主要应用于对精度和表面光洁度要求高但对成本相对不敏

感的领域,如珠宝首饰、生物医疗、文化创意、航空航天、建筑工程、高端制造,如图 7-2-2 所示。

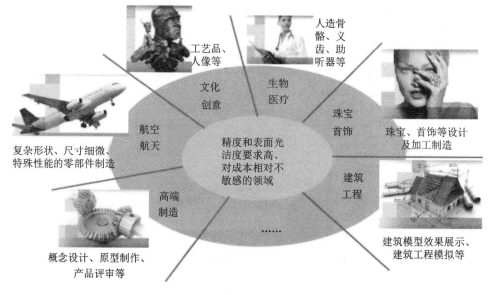

图 7-2-2 数字光处理的应用

任务三 电子束选区熔化 3D 打印技术

一、工作原理

电子束选区熔化(electron beam melting,EBM)也是一种金属增材制造技术。电子束选区熔化的工作原理与激光选区熔化相似(见图 7-3-1),都是将金属粉末完全熔化后成型。其主要区别在于激光选区熔化技术是使用激光来熔化金属粉末,而电子束选区熔化技术是使用高能电子束来熔化金属粉末。计算机将物体的三维数据转化为一层层截面的 2D 数据并传输给打印机,打印机在铺设好的粉末上方选择性地向粉末发射电子束,电子的动能转换为热能,选区内的金属粉末加热到完全熔化后成型,然后活塞使工作台降低一个单位的高度,新的一层粉末涂铺在已烧结的当前层之上,设备调入新一层截面的数据进行加工,与前一层截面黏结,此过程逐层循环直至整个工件成型。

电子束选区熔化的制造过程需要在真空环境中进行,一方面是防止电子散射,另一方面是某些金属(如钛)在高温条件下会变得非常活泼,真空环境可以防止金属的氧化。典型设备为 Arcam 公司的产品 Q10、Q20、A2X(见图7-3-2)等。

图 7-3-1 电子束选区熔化原理示意

图 7-3-2 Arcam A2X 设备

Arcam A2X 设备主要性能指标如下：

（1）最大成型尺寸：200 mm×200 mm×380 mm。

（2）层厚：0.05 mm。

（3）成型速度：55～80 cm³/h(Ti6Al4V 材料)。

（4）扫描速度：最高 8000 m/s。

（5）功率：50～3000 W(连续可变)。

二、电子束选区熔化技术的特点

电子束选熔化技术同样具有激光选区熔化技术的致密度高、力学性能好、硬度高、尺寸精度较高、节约材料等优点。

与激光选区熔化相比，电子束选区熔化技术的主要优点如下。

（1）电子束的能量转换效率非常高，远高于激光，因此能量密度更高，粉末材料熔化速度更快，因此可以得到更快的成型速度，且节省能源。

（2）高能量密度能够熔化熔点高达 3400 ℃的金属。

（3）电子束的扫描速度远高于激光，因此在造型时一层一层扫描造型台整体进行预热以提高电子粉末的温度。经过预热的粉末在造型后残余应力较小，对特定形状的造型会有优势，且无需热处理。

电子束选区熔化技术同样具有激光选区熔化技术的成型效率低、设备稳定性低、可重复性低、表面粗糙度高等缺点。

与激光选区熔化相比,电子束选区熔化技术还具有如下缺点。

(1)由于电子束选区熔化对粉末进行预热,金属粉末会变成类似假烧结的状态,造型结束后,激光选区熔化的未造型粉末极易清除,而电子束选区熔化的未造型粉末需要通过喷砂去除,且复杂造型内部会有粉末难以去除。

(2)需要真空工作环境。

三、电子束选区熔化技术的应用

电子束选区熔化可用于模型、样机的制造,也可用于复杂形状的金属零件的小批量生产。目前电子束选区熔化主要应用于航空航天领域,如制造起落架部件和火箭发动机部件等,同时可应用于医学领域,目前已经有成功案例(见图7-3-3)。

图7-3-3　电子束选区熔化技术的应用

四、电子束选区熔化的材料

电子束选区熔化的材料多为金属材料,不同的应用领域对强度、弹性、硬度、热性能等要求有所区别,因此要根据不同的用途进行调配,一般为多金属混合粉末合金材料,如目前主流的 Ti6Al4V、钴铬合金、高温铜合金等。这些材料具有自己独有的一些特征,如高温铜合金具有高相对强度、潜在的用于高热焊剂的应用、极好的高温强度、极好的热传导性、好的抗蠕变性等特征。

项目八 3D 打印后处理技术

由于 3D 打印技术的特性和材料的限制，3D 打印产品表面质量和强度需要对其进行后处理才能满足实际需要。3D 打印的后处理包括打磨和上色两个主要的步骤。

学习目标

(1)熟悉 3D 打印后处理的作用；
(2)了解 3D 打印后处理的基本步骤和方法；
(3)熟练操作 3D 打印模型的后处理和装配。

教学视频

任务一 3D 打印零件的打磨

一、拆除 3D 打印的支撑

3D 打印后处理的第一步是拆除支撑，拆除支撑时用力要适度，对于大部分模型来说不用工具也可拆除支撑，遇到结构复杂的模型，则可以利用剪钳或者刀具拆除其支撑。

1. 准备工具

拆除 3D 打印工件支撑的工具主要有斜口钳(见图 8-1-1)、美工刀(见图 8-1-2)或者其他专用工具。

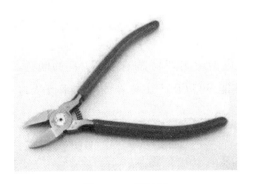

图 8-1-1 斜口钳

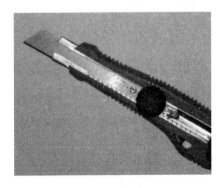

图 8-1-2 美工刀

2.取出模型,拆除支撑

(1)关闭 3D 打印机电源,打开机器舱门;

(2)用合适的工具将 3D 打印的模型从 3D 打印机里取出,关好机器舱门;

①固定式平台取件。

首先将平头铲刀(刃口朝上)的一个角伸到模型与平台之间,使模型与平台出现分离缝隙,铲刀沿着模型的周围铲入,直到模型与平台完全分离。

对于黏结比较牢固的模型,铲模型时可以用手扶住固定打印平台,防止平台晃动太大,影响打印平面的水平度;对于细节小而多的模型,取件时动作要轻、速度要慢,避免损坏模型。

②活动平板取件。

在模型打印完成后,把活动平板拆卸下来,然后使用平头铲刀把模型从活动平板上铲下来。活动平板取件比固定式平台更方便。

可拆卸的活动平板的优点是不会因为长期和频繁取件而影响打印平台的精度。

(3)用剪钳或美工刀切除零件的支撑部分。

对于支撑结构的材料与模型材料相同的,在去除支撑时,可借助斜口钳、美工刀、平头铲刀等工具。斜口钳主要用于剪切支撑、剥离基底支撑等,美工刀主要用于去除半封闭的支撑结构,平头铲刀主要用于铲去大平面的基底支撑。

①去除简单支撑。

对于简单的支撑结构,可用斜口钳或平头铲刀,使模型与支撑出现分离缝隙,然后手工剥离支撑,手工剥离时应戴防护手套。

②去除复杂支撑。

去除复杂结构的支撑时,使用斜口钳或者美工刀,由外到里、由易到难逐步去除。

二、模型修补

3D 打印过程中,由于各种原因,打印的模型会出现局部多料或少料的问题,这些问题不影响模型的装配或产品的总体性能,可以用人工修补的方法来改善这些打印缺陷。

1.常用工具

(1)砂纸和锉刀;

(2)502 胶水;

(3)与 3D 打印模型相同材料的片料。

2.修补方法

（1）用砂纸或锉刀平整零件外观，特别是需要修补的区域要打磨平滑；

（2）在少料部分用502胶水粘上小片料，待胶水凝固后用锉刀修去多余的部分，并用砂纸打磨顺滑；

（3）对于金属3D打印零件，则需要在修补的地方用焊接的方法补上相应的材料，再用机器打磨平滑。

三、打磨抛光

经过修补的模型表面仍比较粗糙，不能满足对外观的要求或者装配的需要，打磨可以消除打印件表面的层纹。打磨时，开始要使用较粗的砂纸，到后面则要使用较为细腻的砂纸。同一个地方不要打磨太久，防止摩擦生热造成打印件表面局部凹陷。如果打印件之后需要黏合，那么黏合缝处最好不要打磨掉太多材料。

1.打磨抛光工具

（1）砂纸（见图8-1-3）、打磨机（见图8-1-4、图8-1-5）：多种目数的砂纸，用于打磨工件；

（2）吹尘枪：吹除工件表面的水分与杂质。

图8-1-3　砂纸　　　　图8-1-4　平面打磨机　　　　图8-1-5　异型打磨机

2.打磨方法

观察模型表面，确认需要重点打磨的表面和一般打磨的表面。模型表面的拉丝、表面黏料可使用刻刀去除，然后用砂纸打磨。

模型的边角比较锋利，容易割手，需要倒钝和打磨，也可使用刻刀先刮除锐角，然后用砂纸打磨。

模型的支撑面比非支撑面粗糙，需要重点打磨，可先选用锉刀打磨，然后使用砂纸打磨。

最后模型的其他表面视光洁程度，选用相应的工具进行打磨（见图8-1-6、图8-1-7）。测量工具选择游标卡尺。

图 8-1-6　打磨平面

图 8-1-7　打磨凹凸面

　　模型打磨时的装夹方式可选手抓或机用台虎钳装夹,不管采用哪种方式装夹,都要保护模型不被损坏。手抓式打磨,在模型与工作台接触受力部位加垫软布类物品,防止模型与工作台碰撞而受损;使用机用台虎钳装夹打磨时,除了加垫软物之外,还需特别注意夹持力不宜过大,防止模型变形或夹坏。

四、课程总结

　　(1)打磨处理方法主要包含手动打磨与电(气)动工具打磨两种;

　　(2)打磨处理中要注意,打磨工具做的是旋转运动,打磨过程中不可戴有线头的手套;

　　(3)打磨处理时要用到的材料主要有打磨笔、砂轮打磨头、水等。

五、5S 管理

　　(1)所使用的设备按要求关机断电;

　　(2)整理工作台面,桌椅摆放整齐;

　　(3)工具、器材已放至指定位置,并按要求摆好;

　　(4)清扫工作场地,做到场地无垃圾;

　　(5)关好门窗,关掉照明灯;

　　(6)填写物品使用记录。

六、实践与训练

　　按照训练单卡的内容,对工件进行电动打磨处理。

　　要求:

　　(1)打磨时要蘸水打磨;

　　(2)填写项目单卡。

任务二　3D打印零件的上色处理

对于非彩色3D打印的零件,根据需要,可以对其进行表面上色处理,表面上色的方法常用的有喷涂油漆、浸染和化学处理(如电镀等)等方法。

一、表面喷漆处理

在开始喷漆操作之前对零件进行打磨处理,把ABS棒(见图8-2-1)黏在工件上,方便后续喷漆操作时转动工件,操作步骤如下:

(1)截取一段200 mm长的ABS棒,可选用ϕ8 mm或ϕ10 mm的ABS棒。

(2)在ABS棒的端面涂上热熔胶,如图8-2-2所示。

(3)将ABS棒快速与工件接触并静置,直到热熔胶凝固,如图8-2-3所示。

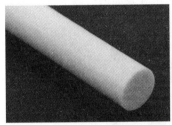 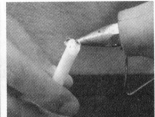 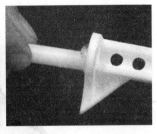

　　图8-2-1　ABS棒　　　　　图8-2-2　涂热熔胶　　　　图8-2-3　ABS棒固定

(4)将模型安装在专用的夹具里,放入喷涂箱进行试喷及喷涂,如图8-2-4、图8-2-5所示。

①喷涂上色前,彻底清洗模型表面的油污和尘埃,模型要干燥,表面不得有水渍和汗渍,需戴橡胶手套拿取模型。

②使用油漆前,需反复摇动油漆罐体,使漆液充分混合均匀。

③先在试板上小面积喷漆,确定所选颜色的准确性。

④喷涂时,应保持漆罐正立且与水平面所成夹角不得小于45°。

⑤距被喷物体表面约20 cm处,用食指压下喷头,保持速度约为30～60 cm/s来回匀速喷漆,喷漆速度不能太慢,慢了会使喷漆得太厚,产生流挂现象。

⑥采用多次喷涂法,每隔约5～10 min喷涂较薄的一层漆,直到效果满意为止。

⑦喷漆后如果不满意,打磨(用2000♯砂纸并使用润滑)后再次喷涂。

⑧剩余少量油漆无法喷出时,应将喷嘴旋转180°后再喷。

⑨如一次未喷完,存放时将漆罐倒置,压下喷头约3 s,清理喷嘴余漆,以防堵塞。

（5）将 ABS 棒插入泡沫板内，然后放入烤箱中烘干，如图 8-2-6 所示。

图 8-2-4　试喷　　　　　　图 8-2-5　工件喷漆　　　　　　图 8-2-6　烤箱烘干

二、浸染

浸染是指将被染物浸渍于含染料及所需助剂的染浴中，通过染浴循环或者被染物运动，使染料逐渐上染被染物的方法，如图 8-2-7 所示。

通常，染料仅浸入模型至约 0.5 mm 的深度，这意味着表面的持续磨损将暴露出原始材料的颜色。

图 8-2-7　浸染

三、化学处理方法

如果 3D 打印的模型是金属或可导电材料，根据需要可用电镀的方法对其进行化学处理，具体参考相关电镀工艺。

四、课程总结

（1）喷漆前先把模型固定在 ABS 棒上，以利于模型在喷漆时旋转；

（2）喷漆时要边旋转模型边喷漆，喷漆完成后放入烤箱可加速油漆凝固；

（3）化学处理方法会产生有毒的物质，需要用专门的设备和专业的技术人员操作，需要保持工作场所通风良好并佩戴安全设备。

五、5S 管理

(1)所使用的设备按要求关机断电；

(2)整理工作台面,桌椅摆放整齐；

(3)工具、器材已放至指定位置,并按要求摆好；

(4)清扫工作场地,做到无场地垃圾；

(5)关好门窗、熄灯；

(6)填写物品使用记录。

六、实践与训练

按照训练单卡(见附录 A)的内容,对工件进行喷涂处理。

要求：

(1)先要将零件修补和打磨好；

(2)预喷确定颜色再喷涂；

(3)写项目单卡。

3D 打印训练单卡

项目名称		学时		班级	
姓　　名		学号		成绩	
实训设备		地点		日期	
训练任务					

任务要求：

★5S 工作：请按下列项目检查清理整顿的情况：

□ 已整理工作台面，桌椅放置整齐；

□ 工具、器材已放至指定位置，并按要求摆好；

□ 已清扫工作场所，场地无垃圾；

□ 所使用的设备已按要求关机断电；

□ 门窗已按要求锁好，熄灯；

□ 已填写物品使用记录。

小组长审核签名：

日期：

课外作业：

附录 B

3D 打印实训报告

一、实训目的

二、实训设备

三、实训内容

四、实训过程

五、实训总结

（总结实训过程及实训过程出现的问题和解决方法）

（注:表格不够可另行粘贴）

实训人：   日期：

参 考 文 献

[1] 王广春,赵国群.快速成形与快速模具制造技术及其应用[M].北京:机械工业出版社,2013.

[2] 王永信.快速成型及真空注型技术与应用[M].西安:西安交通大学出版社,2014.

[3] 原红玲.快速制造技术及应用[M].北京:航天工业出版社,2015.

[4] 孙建英.选择性激光烧结技术及其在模具制造领域的应用[J].煤炭机械,2006,27(7):112-113.

[5] 陈雪芳,孙春华.逆向工程与快速成形技术应用[M].北京:机械工业出版社,2009.

[6] 杨晓雪.Geomagic DesignX 三维建模案例教程[M].北京:机械工业出版社,2016.

二维码资源使用说明

    本书数字资源以二维码形式提供。读者可使用智能手机在微信端下扫描书中二维码,扫码成功时手机界面会出现登录提示。确认授权,进入注册页面。填写注册信息后,按照提示输入手机号,点击获取手机验证码。在提示位置输入 4 位验证码成功后,重复输入两遍设置密码,选择相应专业,点击"立即注册",注册成功(若手机已经注册,则在"注册"页面底部选择"已有账号? 立即注册",进入"账号绑定"页面,直接输入手机号和密码,系统提示登录成功。)。接着刮开教材封底所贴学习码(正版图书拥有的一次性学习码)标签防伪涂层,按照提示输入 13 位学习码,输入正确后系统提示绑定成功,即可查看二维码数字资源。手机第一次登录查看资源成功,以后便可直接在微信端扫码登录,重复查看资源。

    若遗忘密码,读者可以在 PC 端浏览器中输入地址 http://jixie.hustp.com/index.php? m＝Login,然后在打开的页面中单击"忘记密码",通过短信验证码重新设置密码。